"一带一路" 建设的
绿色发展探究
——机遇、挑战与未来

黄茂兴 ◎ 主编

中国财经出版传媒集团

经济科学出版社
Economic Science Press

图书在版编目（CIP）数据

"一带一路"建设的绿色发展探究：机遇、挑战与未来/
黄茂兴主编 . —北京：经济科学出版社，2018.5（2018.6 重印）
ISBN 978 - 7 - 5141 - 9383 - 1

Ⅰ.①一⋯　Ⅱ.①黄⋯　Ⅲ.①生态环境 – 环境保护 –
国际环境合作 – 研究　Ⅳ.①X171.1

中国版本图书馆 CIP 数据核字（2018）第 108330 号

责任编辑：孙丽丽　胡蔚婷
责任校对：靳玉环
责任印制：李　鹏

"一带一路"建设的绿色发展探究
——机遇、挑战与未来
黄茂兴　主编
经济科学出版社出版、发行　新华书店经销
社址：北京市海淀区阜成路甲 28 号　邮编：100142
总编部电话：010 - 88191217　发行部电话：010 - 88191522
网址：www. esp. com. cn
电子邮件：esp@ esp. com. cn
天猫网店：经济科学出版社旗舰店
网址：http://jjkxcbs. tmall. com
北京季蜂印刷有限公司印装
710 × 1000　16 开　11.75 印张　170000 字
2018 年 6 月第 1 版　2018 年 6 月第 2 次印刷
ISBN 978 - 7 - 5141 - 9383 - 1　定价：58.00 元
（图书出现印装问题，本社负责调换。电话：010 - 88191510）
（版权所有　侵权必究　举报电话：010 - 88191586
电子邮箱：dbts@ esp. com. cn）

中国（福建）生态文明建设研究院 2018 年资助的重点研究成果

2016 年教育部哲学社会科学研究重大课题（项目编号：16JZD028）的阶段性研究成果

国家社科基金重点项目（项目编号：16AGJ004）的阶段性研究成果

福建省"双一流"建设学科——福建师范大学理论经济学科 2018 年重大项目研究成果

福建省首批哲学社会科学领军人才、福建省高校领军人才支持计划 2018 年资助的阶段性研究成果

福建省首批高校特色新型智库——福建师范大学综合竞争力与国家发展战略研究院 2018 年资助的研究成果

福建省社会科学研究基地——福建师范大学竞争力研究中心 2018 年资助的研究成果

福建省高校哲学社会科学学科基础理论研究创新团队——福建师范大学竞争力基础理论研究创新团队 2018 年资助的阶段性研究成果

福建师范大学创新团队建设计划（项目编号：IRTW1202）2018 年资助的阶段性研究成果

代序（一）
在绿色丝绸之路国际论坛上的致辞*

埃里克·索尔海姆（Erik Solheim）
联合国副秘书长、联合国环境规划署执行主任

今天我们相聚在福州，共同参与此次绿色丝绸之路国际论坛。数百年前，马可·波罗穿越古丝绸之路，见证了中国与欧洲乃至整个世界之间的贸易、科技和文化交融。今天，"一带一路"倡议也将发挥同样作用，连接起众多发达国家与发展中国家。

联合国环境署已与中国政府达成合作伙伴关系，共同推动建立"一带一路"绿色发展国际联盟。对此，我们深感自豪，也深信绿色"一带一路"可以成为推动绿色发展的重要手段。绿色"一带一路"，意味着引导绿色投资投向太阳能等新能源技术而非煤炭等传统能源，也意味着在保护自然的前提下建设环境友好型的基础设施（如铁路）。

---

　　* 本文是联合国副秘书长、联合国环境规划署执行主任埃里克·索尔海姆先生专门给"绿色丝绸之路国际论坛"发来的视频讲话。

在绿色能源方面，我们看到，中国制造和中国技术令全球太阳能及风力发电的制造成本迅速下降。事实上，中国的新能源行业从业者数量已经超过了传统油气行业。

在绿色交通及基础设施方面，中国企业也积极提供解决方案。比如中国企业比亚迪的"云轨"列车比常规地铁线的建设成本更低、建设周期更短。包括比亚迪在内的许多中国企业正在引领一场电动车"革命"。在非洲，就以肯尼亚为例，中国投资建设了从首都内罗毕到蒙巴萨的一条铁路。大约三周前，我和家人有幸乘坐了这趟新列车，见证了新铁路带给肯尼亚的繁荣发展机遇，也体验了一把更为方便的旅途出行。2016年，中国在非洲资助修建了另一条亚吉铁路，成为连接内陆国埃塞俄比亚（亚的斯亚贝巴）与吉布提之间的重要通道。

在推动绿色金融成为国际共识这一方面，中国扮演了领路人的角色。2016 年 G20 峰会上，中国作为主席国率先将"绿色金融"纳入了 G20 重点议题。借助这一势头，中国正与包括银行、保险、证券所在内的各界金融人士一道，引导资本进入我们所需要的绿色投资领域。

最后，绿色"一带一路"离不开互学互鉴、开放共享的精神。我们提倡中国与世界其他国家互相学习，借鉴好的经验和做法，不为个人利益，而是为了我们共同的地球家园和全人类更美好的生活。此次在福州举办的绿色丝绸之路国际论坛，就可以提供一个很好的交流机会。最后，祝贺大会取得圆满成功。非常感谢！

代序（二）
在绿色丝绸之路国际论坛上的致辞[*]

奥尔加·阿尔加耶罗瓦（Ms. Olga Algayerova）

联合国副秘书长、联合国欧洲经济委员会执行秘书

尊敬的嘉宾们，女士们先生们：

我很高兴能在福州绿色丝绸之路国际论坛上发言。值此令人骄傲的校庆之际，我想向福建师范大学及贵校的全体师生表达祝贺。贵校有着 110 年的历史并积累了丰厚经验，这些犹如"灯塔之光"被传承带入 21 世纪，指引培育新一代的人才去迎接新时代的挑战。

我相信，贵校主办这次非常重要的论坛也将为这方面做出贡献。作为执行秘书，我领导着联合国欧洲经济委员会（简称"欧洲经委会"，ECE）。欧洲经委会于 1947 年由联合国设立，目标是促进泛欧区域的经济一体化，至今已有包括

———————————
　＊　本文是联合国副秘书长、联合国欧洲经济委员会执行秘书奥尔加·阿尔加耶罗瓦女士专门给"绿色丝绸之路国际论坛"发来的视频讲话。

欧洲、北美洲和亚洲在内的 56 个成员方。许多其他国家（特别是亚太国家）与我们合作发展全球性的公共产品及服务，为世界各国的民生改善带来了积极影响。

让我感到非常高兴的是，近年来中国与联合国欧洲经济委员会之间的合作发展迅速。中国于 2016 年 7 月加入了全球唯一的通用海关过境系统《国际公路货运公约》。该公约覆盖整个欧洲并向亚洲、北非和中东地区延伸，极大地便利了 71 个缔约国之间的货物运输。加入该公约，显示中国向着积极建设"一带一路"倡议中所提出的国际经济走廊迈出了重要的一步。

作为一项雄心勃勃的倡议，"一带一路"提倡实现互联互通。为此，中国及周边国家需要对基础设施进行大规模投资。公私伙伴关系（PPP）在调集资金用于投资项目方面可以发挥关键作用。在这一领域，我想分享一个具体的合作例子。欧洲经委会与中国国家发改委共同发起了一个"公私伙伴关系"全面能力建设计划，将由清华大学和香港城市大学共同创立一个国际 PPP 卓越中心，在物流运输领域推动国际最佳 PPP 实践的发展。这一例子凸显了务实合作的重要性。这样的合作将有助于达成"一带一路"倡议的宏伟愿景。

"一带一路"倡议将为实现全球可持续发展目标带来巨大潜力和贡献。在此过程中，欧洲经委会愿意同大家分享我们的丰富经验、知识及良好实践。尤其是欧洲经委会参与制定的数个多边环境协定，内容涵盖环境规划、工业安全、空气及水污染、公众参与等几个重要方面，可以为建设绿色新丝绸之路提供良好的解决方案。事实上，"一带一路"沿线的多个国家也是上述环境公约和议定书的缔约国，在运用这些法律文书工具增进人民福祉和国际合作方面已有了成功经验。

展望未来及其所蕴含的潜力，欧洲经委会随时准备支持这一雄心勃勃的倡议，以推动实现可持续发展。

祝贺此次论坛圆满成功。谢谢。

前　言

2013 年秋天，习近平主席站在历史高度，着眼世界大局，高瞻远瞩，审时度势，把握机遇，创造性地提出建设"丝绸之路经济带"和"21 世纪海上丝绸之路"（以下简称"一带一路"）的战略决策。强调相关各国要打造互利共赢的"利益共同体"和共同发展繁荣的"命运共同体"。"一带一路"这条世界上跨度最长的经济大走廊，发端于中国，贯通中亚、东南亚、南亚、西亚乃至欧洲部分区域，东牵亚太经济圈，西系欧洲经济圈。它是世界上最具发展潜力的经济带，无论是从发展经济、改善民生，还是从应对金融危机、加快转型升级的角度看，沿线各国的前途命运，从未像今天这样紧密相连、休戚与共。

"一带一路"建设不是中国一家的独奏，而是沿线国家的合唱。它跨越不同地域、不同发展阶段、不同文明，是一个开放包容的合作平台，是各方共同打造的全球公共产品。各方秉持共商、共建、共享原则，携手应对世界经济面临的挑战，开创发展新机遇，谋求发展新动力，拓展发展新空间，实现优势互补、互利共赢，不断朝着人类命运共同体方向迈进。2017年5月14~15日，"一带一路"国际合作高峰论坛在北京举行，中国国家主席习近平在论坛开幕式上做的主旨演讲中指出：我们要践行绿色发展理念，倡导绿色、低碳、循环、可持续的生产生活方式，加强生态环保合作，建设生态文明，共同实现2030年可持续发展目标。此外，习近平主席还多次强调，要着力深化环保合作，加大生态环境保护力度，携手打造绿色丝绸之路。

为推动绿色"一带一路"建设，中国环境保护部于2017年5月印发的《"一带一路"生态环境保护合作规划》提出，截至2025年，推进生态文明和绿色发展理念融入"一带一路"建设，夯实生态环保合作基础，形成生态环保合作良好格局。截至2030年，推动实现2030年可持续发展议程环境目标，全面提升生态环保合作水平。为实现这一发展目标，中国将加强与"一带一路"沿线国家和地区的生态环保政策沟通；分享生态文明和绿色发展的理念与实践；构建生态环保合作平台，包括加强生态环保合作机制和平台建设、推进环保信息共享服务平台建设；推动环保社会组织和智库交流与合作；推动绿色资金融通，探索设立"一带一路"绿色发展基金，推动设立专门的资源开发和环境保护基金，重点支持沿线国家生态环保基础设施、能力建设和绿色产业发展项目；促进国际产能合作与基础设施建设的绿色化、发展绿色贸易、开展生态环保项目和活动、加强环保能力建设等举措。可以说,中国政府高度重视生态环保在"一带一路"建设中的重要性,把生态环保合作作为绿色"一带一路"建设的根本要求,推动"一带一路"沿线国家和地区实现经济绿色转型,携手"一带一路"沿线国家和地区落实联合国2030年可持续发展议程。

"一带一路"倡议自提出以来已得到了全球100多个国家和国际社会的高度关注和积极响应,联合国大会、联合国安理会等重要决议也纳入"一带一路"建设内容。2017年5月"一带一路"国际合作高峰论坛在北京成功举办,中国国家主席习近平在论坛上倡议建立"一带一路"绿色发展国际联盟,得到中国环境保护部、联合国环境规划署的全面支持和参与,积极推动合作建设"一带一路"生态环保大数据服务平台,并为相关国家应对气候变化提供援助。

为了进一步探讨在当前全球经济社会面临深刻变化的大背景下,如何积极践行绿色发展的新理念支持"一带一路"沿线国家和地区的绿色、包容、可持续发展,深化加强区域合作,为全球经济增长注入新动力。2017年11月17~18日,值此福建师范大学迎来110周年华诞之际,由福建师范大学主办,中国环境保护部环境规划院、联合国环境规划署、光明日报智库研究与发布中心、民政部中智科学技术评价研究中心参与协办的首届"绿色丝绸之路国际论坛"在中国福建省福州市成功举行。

本次论坛主题为"'一带一路'倡议下的绿色发展机遇与挑战",旨在加强推进绿色"一带一路"的学术研究和政策研讨,促进未来的学术发展和国际交流。重点围绕绿色发展政策沟通、绿色基础设施联通、绿色贸易畅通、环境产业投资发展趋势、绿色金融、绿色能力建设(民心相通)等主题展开交流与探讨。来自联合国环境署、联合国欧洲经济委员会、联合国人居署、世界贸易组织、OECD(经济合作与发展组织)、世界自然基金会、全球绿色增长研究所、世界未来委员会、菲律宾财政部、蒙古国银行家协会、孟加拉国统计局、斯里兰卡班达拉奈克国际学习中心等100多位国际国内知名环境经济学家出席了本次论坛。联合国副秘书长、联合国环境规划署执行主任埃里克·索尔海姆先生(Mr. Erik Solheim),联合国副秘书长、联合国欧洲经济委员会执行秘书长奥尔加·阿尔加耶罗瓦女士(Ms Olga Algayerova)专门为论坛发来视频致辞,他们祝贺本次论坛的成功举办以及福建师范大学迎来110周年校庆,盛赞中国在推动绿色"一带一路"上做出的重要贡献,并就如何深化推进绿色"一带一路"提出了期许和战略性建议。在为期两天的会议研讨中,与会国内外专家就绿色"一带一路"助力2030年可持续发展目标、运用多边环境协议提升"一带一路"沿线国家环境治理、全球环境竞争力指数、基础设施建设项目融资的可持续标准、绿色基建环境影响评估的模型研究、环境产品及服务业的量化评估及国际发展趋势、绿色产品国际标准介绍及自愿性认证进展、绿色贸易、气候变化及全球治理、如何促进融资和可持续发展、环境信息公开及绿色供应链等话题展开深入讨论，达成了许多共识，留下了丰富的理论成果。

为了全景式地展现本次绿色丝绸之路国际论坛上与会专家的真知灼见，本书选取了部分专家的代表性发言内容，并做了相应的文字整理。在此，我们向所有参与支持绿色丝绸之路国际论坛的各方人士表示衷心感谢！我们愿意与同行们继续深入合作，为推动绿色"一带一路"建设贡献更多更好的智慧成果！

由于时间紧张以及编撰团队知识和经验有限，书中纰漏和不妥之处在所难免，敬请各位读者不吝指正。

黄茂兴 ［中国（福建）生态文明建设研究院执行院长，福建师范大学经济学院院长，福建师范大学福建自贸区综合研究院院长，教授、博士生导师］

2018 年 1 月 10 日于福建师范大学文科楼

目　录

Ⅳ 专 题 篇

附 录

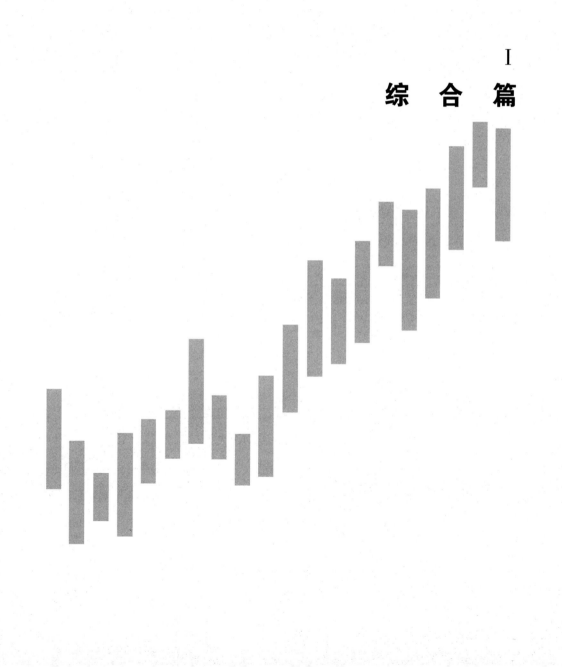

I
综 合 篇

以交流增进了解　推动"一带一路"绿色发展

——"绿色丝绸之路国际论坛"会议综述

黄茂兴[*]

2017 年 11 月 17~18 日，由福建师范大学主办，环境保护部环境规划院、联合国环境署、光明日报智库研究与发布中心、中智科学技术评价研究中心参与协办，福建师范大学社会科学处、福建师范大学经济学院、中国（福建）生态文明建设研究院承办的"绿色丝绸之路国际论坛"在福建省福州市举行。

一、"绿色丝绸之路国际论坛"的成功举办已产生重要影响

本次论坛主题为"一带一路"绿色发展的机遇与挑战，旨在加强推进绿色"一带一路"的学术研究和政策研讨，促进未来的学术发展和国际交流。重点围绕绿色发展政策沟通、绿色基础设施联通、绿色贸易畅通、环境产业投资发展趋势、绿色金融、绿色能力建设（民心相通）等主题展开交流与探

---

　　* 作者简介：绿色丝绸之路国际论坛秘书长、中国（福建）生态文明建设研究院执行院长、福建师范大学经济学院院长。

讨。与会专家围绕上述主题和研讨议题在为期两天的研讨中取得了超出预期的成效。这次论坛体现以下几个突出特点：

一是参与举办论坛的单位多、层面高。从协办单位看，国际方面有联合国环境署，国内方面有环境保护部环境规划院、光明日报智库研究与发布中心、民政部中智科学技术评价研究中心等机构。这些参与协办单位特别是环境保护部环境规划院是我国环境规划研究方面具有重要影响的智库，同时，光明日报智库研究与发布中心是光明日报所属的智库研究与发布机构，近年来在智库传播影响力方面越来越大。中智科学技术评价研究中心是 2015 年经民政部批准建设的一家新型智库，致力于科技评价和战略研究，在推动"一带一路"科技合作等方面也做出了积极贡献。

二是参加论坛的专家学者阵容强、影响大。来自联合国环境署、联合国欧洲经济委员会、联合国人居署、世界贸易组织、OECD（经济合作与发展组织）、世界自然基金会、全球绿色增长研究所、世界未来委员会、绿色和平组织、菲律宾财政部、蒙古国银行家协会、孟加拉国统计局、斯里兰卡班达拉奈克国际学习中心、国务院发展研究中心、中国科学院、中国社会科学院等100 多位国际国内知名环境经济学家出席了本次论坛。联合国副秘书长、联合国环境规划署执行主任埃里克·索尔海姆（Erik Solheim），联合国副秘书长、联合国欧洲经济委员会执行秘书长奥尔加·阿尔加耶罗瓦（Olga Algay-erova）专门给本次论坛发来视频讲话，盛赞中国在推动绿色"一带一路"上做出了重要贡献，并就如何深化推进绿色"一带一路"提出了期许和战略性建议。

此外，联合国政府间气候变化专门委员会（IPCC）前副主席、2007 年诺贝尔和平奖机构获得者、现任斯里兰卡总统专家委员会主席莫汉·穆纳辛格（Mohan Munasinghe），联合国环境署高级经济学家盛馥来，国务院发展研究中心原副主任卢中原，国际欧亚科学院院士、科技部中国科学技术交流中心副主任赵新力，经济合作与发展组织国际关系秘书处战略伙伴关系及新倡议部门主管艾琳·奥尔斯（Irene Hors），联合国欧洲经济委员会环境司区域顾问萨仁高娃（Sarangoo Radnaaragchaa），中国—东盟环境保护部合作中心副主任张洁清等人在会上发表主题演讲，对会议的深入研讨起到了重要引领作用。

三是海内外媒体对论坛进行了广泛、深入报道。本届论坛的召开和嘉宾演讲的内容引起海内外媒体的高度关注与广泛报道，联合国环境署在会议第一天就及时报道了这次会议的盛况和联合国副秘书长、联合国环境规划署执行主任埃里克·索尔海姆的视频讲话内容，该新闻信息一发布就引起了环境部门的高度关注。新华社、中新社、光明日报、经济日报、中国教育报、中国社会科学报、中国经济导报、香港大公报、福建日报、中央人民广播电台、福建电视台、新华网、人民网、东南网等30多家新闻媒体积极派记者参会，进行了广泛报道。据网络统计，有关这次论坛的相关报道近100万条。

此次论坛的成功举办，得益于中央提出的"一带一路"倡议得到了国内外的高度关注，引起了政府机构、专家学者和企业界的高度重视，是国际国内智库等机构鼎力合作的结晶。

二、"绿色丝绸之路国际论坛"取得许多有价值的研讨成果

通过这次会议研讨交流，加深了解，增进共识，为加快推进绿色"一带一路"决策机关制定政策提供有益的参考。国内外专家学者就"如何加快推进'一带一路'绿色发展之路""如何实现'一带一路'沿线国家和地区的绿色包容性发展""如何在'一带一路'沿线国家和地区推行低碳环保技术促进绿色基础设施建设"等议题发表真知灼见，达成了许多共识，并从多角度提出了"一带一路"绿色发展的新思路，以及中国绿色发展的理念伴随着"一带一路"倡议传播到世界各地，对全球可持续发展产生深远影响。现将研讨建议概述如下：

1. 关于绿色发展政策沟通方面

深化"一带一路"生态文明和绿色发展理念、法律法规、政策、标准等领域的对话和交流，加快推动"一带一路"环保战略和行动计划付诸实施，是此次与会专家的首要共识。一是要将生态文明和绿色发展的内涵融入绿色政策制定和政策执行之中。各国应该加快建立全球性的学习小组，充分分享中国生态文明建设和绿色发展的理念与实践，将生态文明和绿色发展的理念在全世界范围传播开来，推动各国政策的绿色化。二是要建立政策沟通的服务平台。加快合作建设"一带一路"生态环境大数据服务平台、绿色供应链平台、绿色发展国际联盟等多元合作平台，推进各国在绿色经济和环境保护相关的政策、法规、标准、技术、产业信息等多方面的互联互通和交流合作，推动共同制定实施双边、多边、次区域和区域生态环保战略与行动计划，使各国政策与国际接轨。三是要建立绿色"一带一路"全面的统筹协调机制。加强合作机制建设和创新，在国际层面建立全面的、更加灵活便捷的统筹协调机制，促进各国战略对接，将绿色、环保融入更高层次、更广泛领域。四是要强化各类双边或多边协议的作用。促进现有各类双边和多边协议的统筹和整合，充分发挥各类协议作用，为各国讨论相应的法律和制度框架创造更好的机会，向政策制定者提供更好的指南和建议，促进各国政府建立更高级别、更加透明的环境保护体系，同时提高公众的参与度。五是要切实提高绿色"一带一路"政策透明度。充分考虑各国政策的外溢性和政策互动的影响力，切实增强政策、信息的透明分享，加强政策的国际协调，促进各国互信合作。

2. 关于绿色基础设施联通方面

绿色基础设施联通是绿色"一带一路"建设当中非常重要的组成部分。不仅要考虑到项目建设本身，考虑到对生态环境的影响，还要考虑到它的外溢效应，如提供公共服务、城乡融合等，因此，这是一项非常复杂的系统性工程。（1）"一带一路"基础设施建设，应是融入环境保护与生态改造的绿色设施联通工程。基础设施建设不仅影响到该区域当代人的利益，也影响到未来人的利益，所以基础设施建设的绿色化应该放到一个很高的高度上考虑。绿色基础设施联通，不仅影响一国的经济发展，还跟技术外溢、公共产品供给等密切相关，对以绿色环保方式带动沿线国家发展具有积极作用。（2）做好战略规划，共同推进绿色基础设施联通。每个沿线国家的自身禀赋不同，基础设施需求也不同，因此在"一带一路"绿色基础设施建设中，需要制定适宜的战略性规划。除邀请不同利益相关方共同参与制定基础设施建设规划外，还应进一步考虑建成后的运行机制，如何通过多方采取措施，防止其对环境产生不利影响。（3）利益共享，善于学习，打造"一带一路"绿色基础设施建设的新模式。推进绿色基础设施联通，需要通过利益共享的方式促进项目的落地与实施。要善于学习，总结经验教训；学习发达国家的绿色化思想，对提前采取预防措施具有积极的意义；学习中国以及其他国家已有的成功案例，升华其做法与经验，进而运用到"一带一路"绿色基础设施建设中去。与会专家认为，"一带一路"是一个责任共同体，需要沿线国家共同努力，共同推进，通过绿色基础设施联通，将"一带一路"打造成利益共同体与命运共同体。

3. 关于绿色贸易与环保产业方面

绿色贸易与环保产业的发展是推进绿色丝绸之路建设的有力抓手。首先，就绿色贸易而言，其中的关键因素是绿色产品。与会专家围绕绿色产品提出以下建议：一要建立绿色产品认证体系。绿色产品包罗万象，产品类型繁多，这就需要打造一套更加健全的、共享的绿色产品认证体系，对绿色产品进行更好的认证。二要制定同步的产品差别化政策。差别化政策有利于调动绿色产品生产企业的积极性，可以对绿色产品的生产和消费实行鼓励政策，而对非绿色产品实行限制政策。其次，就环保产业而言，与会专家学者认为，应从三个方面推动未来环保产业的发展：一要推动环保产业"走出去"。"走出去"是当前环保产业做大做强的最优战略。中国环保产业的供给能力已经达到了一定水平，应该充分利用"一带一路"的平台，以技术合作、"投资并购"等方式与"一带一路"沿线国家展开合作。二要建立环保产业发展的市场经济机制。市场经济机制有效，环保产业发展才能有活力。一方面政府应该通过政策法规扶持环保产业；另一方面政府又需要"到位不越位"，积极引导和推动建立环保产业发展的市场经济机制，为环保产业发展营造良好的市场环境。三要加强环境产业贸易的对话和交流。"一带一路"为中国环保产业与沿线国家的对话和交流搭建了良好的平台。加强在贸易政策、关税、相关法律等方面的对话和交流，进一步推动中国环保产业的国际合作和绿色贸易自由化。

4. 关于绿色金融方面

发展绿色金融，推动绿色资金流动，为"一带一路"沿线国家的绿色发展提供资金保障，这已经成为国际共识。一是要明晰绿色金融定义和目的。绿色金融并不是一个新的金融或一种不同的金融，它是依赖现有系统，引导资金向可持续发展方向流动，以产生更绿色的生产和消费。二是做好绿色金融的顶层设计。坚持对外开放，坚持合作共赢，制定出台相关发展规划、政策、法律法规及合作计划等，为绿色金融的发展提供积极引导和保障支撑。三是推进绿色金融创新。鼓励金融机构进行体制机制创新和产品创新，通过完善组织结构，组建专业团队，建立相应的考核机制和激励政策等手段，进一步推动绿色金融业务发展。四是吸引社会资本参与。通过营造一个资本风险可控、资本回报安全可靠的外部融资环境，发挥金融机构的协调作用，吸引除政府和国家主权基金以外的，来自国际社会和全球市场的绿色资金投入到"一带一路"的建设当中。五是加强交流合作。通过国与国、机构与机构等层面的交流与合作，分享绿色金融发展实践中的一些经验和做法，鼓励更多的国家和机构开展和推进绿色金融业务。

5. 关于绿色能力建设及民心相通方面

"一带一路"沿线大多数国家属于发展中国家，环境竞争力排位相对靠后，生态环境保护面临的挑战非常严峻，加强绿色能力建设，促进民心相通是进一步推动各国绿色发展的关键着力点。与会专家学者聚智合力，主要强调了以下四个方面的内容：一是创新绿色发展合作机制。通过建立全面的合作伙伴关系协调政府、企业、民众等各方利益，平衡资源的使用者和拥有者之间的矛盾，促进非政府组织在绿色能力建设领域中发挥更大作用，有效地推进"一带一路"沿线国家绿色发展进程。二是共建绿色发展数据共享平台。环保、科技等知识与信息的共享和公开是"一带一路"沿线国家共同追求的目标，既可以提高各个国家、区域、机构的绿色能力，还可以搭建民心交流平台，共建民心沟通之桥。三是以科技创新驱动绿色发展。科技创新是"一带一路"沿线国家实现经济发展与环境保护共赢的重要手段，在"一带一路"倡议下，各国应在新能源、绿色支付等创新技术的帮助下推动环境经济协调发展。四是以科学评价引导绿色能力建设，促进民心相通。科学的绿色发展绩效评估可以为加速确立"一带一路"沿线国家绿色发展价值导向，探索绿色发展治理体系，加强各国绿色能力建设，扩大民众对绿色发展的认识和了解提供重要的科学数据和理论支撑。

三、几点建议

1. 提升"论坛"层次，把"绿色丝绸之路国际论坛"打造成由中国政府指导的重要智库交流平台

鉴于"绿色丝绸之路国际论坛"已在国内外产生了积极影响，并且迅速成为国际组织和学术界关注的重要论坛，同时，也是为了把绿色"一带一路"中的生态、绿色和可持续发展理念更好地惠及"一带一路"沿线国家或地区，联合国环境署等机构希望这个论坛要走出国门，争取以后每年在"一带一路"重要节点国家轮流举办，增强"一带一路"沿线国家或地区的绿色发展意识，共同推动包容、可持续增长。鉴于此，今后的"绿色丝绸之路国际论坛"需要提请中国环境保护部作为指导单位或者主办单位，环境保护部

环境规划院等单位具体参与协办，一方面，有助于增强该论坛的权威性；另一方面，也有助于把中方的绿色倡议更好更准确地传递给国际社会。

2. 扩大"论坛"规模，吸收更多的国际组织和知名专家学者积极参与到这个论坛并积极建言献策

这次论坛的召开得到了联合国副秘书长、联合国环境署执行主任埃里克·索尔海姆和联合国欧洲经济委员会执行秘书奥尔加·阿尔加耶罗瓦的高度重视，他们均向论坛发来了视频讲话，盛赞中国在推动绿色"一带一路"上做出了重要贡献，并就如何深化推进绿色"一带一路"提出了期许和战略性建议。可以说，首次举办的"绿色丝绸之路国际论坛"的主题和讨论议题得到了相关方的积极关注，我们也相信这个议题会继续得到国际社会和学术界的高度关注，因此，建议由政府层面、高校和智库层面通力合作，邀请更多的国际组织和知名智库参与进来，邀请相关领域的专家学者积极参与研讨，增加议题设置，扩大参会规模，凝聚更多共识，以更好地为我国政府顺利推进绿色"一带一路"提供决策参考。

3. 发出"论坛"响亮声音，把中国方案和国际视野有机结合起来，发出中国生态文明建设和绿色发展的响亮声音

在这次论坛上，大家认为，"一带一路"建设，需要走绿色之路；中国生态文明和绿色发展的理念，也必将随着"一带一路"倡议传播到世界各地，对全球可持续发展产生深远影响。通过论坛的举办，对以后论坛也积累了有益的经验，我们希望能以"一带一路"绿色发展作为主题，每年结合"一带一路"推进发展中的热点和难点问题进行聚焦讨论，坚持国际视野、中国方案，专业品质、公众参与的办会思路，突出国际性、专业性和实践性，探讨国内外智库专家推动"一带一路"绿色发展的精彩观点，分享各国政府或知名企业家抢抓机遇实现绿色转型的成功经验。论坛设置的形式将更加多元化和多样化，包括主旨演讲、高峰对话、国别或区域实践、智库对话、企业分享等多个板块，将发出中国生态文明建设和绿色发展的响亮声音。

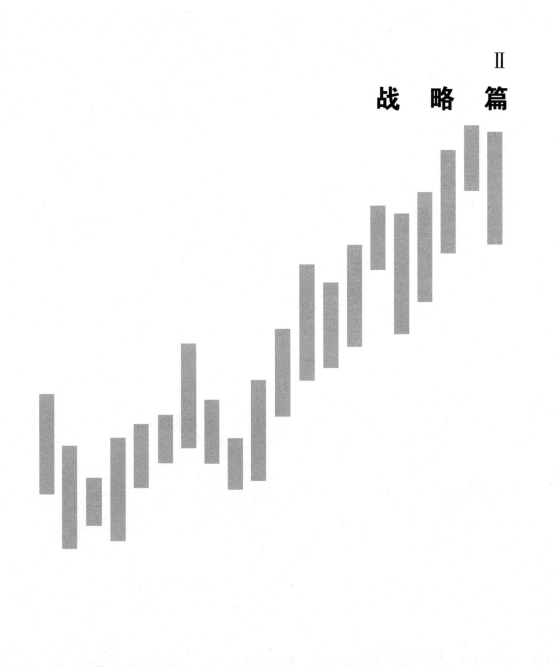

II

战　略　篇

绿色"一带一路"带领亚洲驶上"平衡包容绿色增长"的快车道

莫汉·穆纳辛格*

1972 年我第一次来到中国,跟中国有着很深厚的友谊,但这是我第一次来到福州,这个城市非常棒,2017 年 11 月 18 日我也将会在福建师范大学的 110 周年校庆上发表演讲。2017 年 11 月 17 日我将会跟大家分享一下丝绸之路和"一带一路"的项目情况。我把它称为"平衡包容绿色增长"的快车道。

首先非常感谢福建师范大学,我其实也是一个科学家,所以说我可能会侧重于讲技术方面的东西,或是与科学相关的议题,包括"一带一路"的可持续发展、社会经济的发展,还有清洁环境,等等。21 世纪面临着可持续发展的问题,"平衡包容绿色增长"这个道路以及可持续经济的框架,将会帮助我们的地球实现双赢的局面。另外,现在国际化的问题也比较严重,我们需要一起共同合作去克服这些问题,更好地采取一些实际的措施。就像习近平主席所说的绿色"一带一路"将会更好地促进亚太地区、欧洲区域经济的活力和动力。

---

* 作者简介:斯里兰卡"2030 可持续愿景"总统专家委员会主席,联合国政府间气候变化专门委员会(IPCC)前副主席,2007 年诺贝尔和平奖共同获得者。

　　在 21 世纪，我们面临着贫困问题、糟糕的经济、食物和社会资源短缺，还有财富的集中，贸易国际化和既有利益的冲突，我们无法预计各种的震荡或者灾害，较弱的领导力或较差的决策能力，不可持续的价值观念，以及气候变化给我们带来的影响，等等，这些都是我们所面临的挑战。然而，面对这些挑战，中国所呈现出来的是高层的强劲的领导力，果断的判断能力和执行能力，以及中国各省区市政府都已经展示出非常积极、正面的领导能力。

　　在我们所面临的这些问题中，人类在生态方面留下了足迹。如图 1 所示，我们正在面临的过度消费的不平衡、贫穷问题。现在我们所利用的资源其实是地球所能承受的 1.7 倍，因此，这对地球的可持续发展有很大的影响。到底谁在消费这些资源？

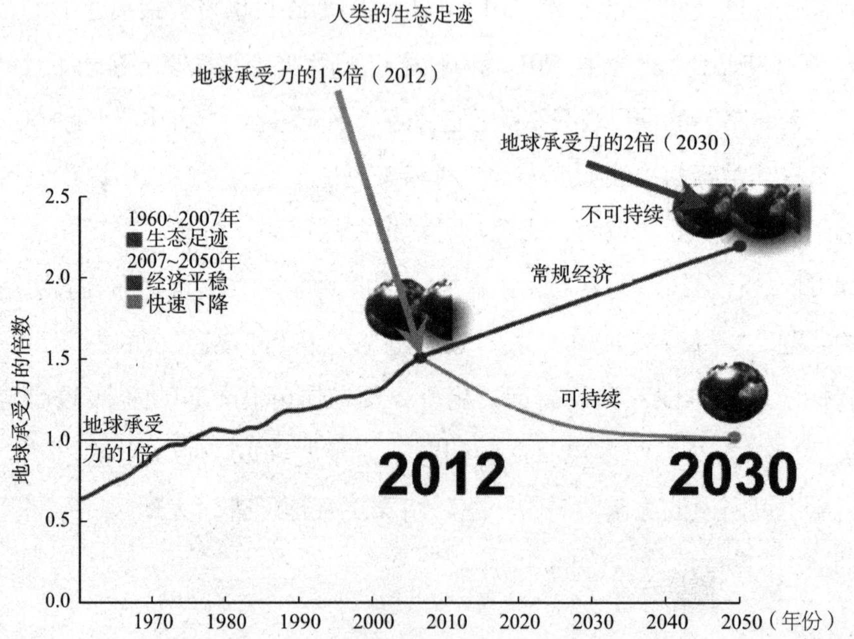

图 1　人类在生态方面面临的问题

资料来源：联合国环境规划署，全球绿色投资情况模拟，2011。

目前，世界上最富有的20%的人群正消费着全球85%的收入，约有1/5的人口占据了中间阶段，大约是14亿人，还有最底层的20%的人，也就是世界上最贫穷的人，他们只获得世界上1.4%的收入。从1947年到2017年，我们其实有很多目标是没有实现的，这些目标都是文字上非常好看的，但是却没有真正地实现，资源还是掌握在少数人手中，这就是为什么我们要制定环境大纲，要重视环境问题。

以下是我们总结出来的，有关平衡经济、社会和环境整合示意图（见图2）。

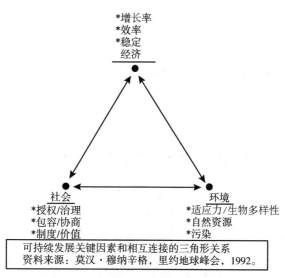

图2　平衡经济、社会和环境示意图

图2中的三个点分别是经济、社会和环境。在经济这部分有增长效率和稳定。

但很不幸的是，我们这个三角形似乎变得很不平衡，开始散架。标示着我们所居住的这个社会出现了很多不平衡的问题，出现了歧视、自私、贪污腐败以及不平衡、严重过度消费等问题，这些问题也会影响着社会的发展。

我们需要了解到我们并不是在省钱，我们并不是在储蓄，相反，我们是身背了很多的债务，环境资源掌握得越少，我们的社会价值可能消耗得越快，因为人类在不断地争抢各种资源。还有一个概念是非常关键和重要的，就是我们要通过创新以及利用一些更新的想法，我们需要关注各个层面来解决复杂的问题，用跨界的知识来解决问题，在时间和空间上我们都要从长远考虑。而利益的相关方是相当多的，不能单独依靠政府来解决问题，而需要社会各界一起来努力。执行力是最重要的，因为我们总是制定很多花哨的计划和理论，但是却没有实践，怎么能够帮这个三角形恢复平衡呢？1987～1992年出现了这样一个概念，但是后来我们就意识到，平衡经济、社会、环境这三方面是很困难的。如果将社会、环境比喻成两个男士的话，他们都在争抢经济这名女士。所以，在1992年之后，我在世界银行开始发现，他们所做的一个举措是想尽量恢复这样的平衡。比如说，我们想要尽力解决贫穷问题的话，其他方面如经济的评价核算方面的问题也要跟上来。有些问题是很容易解决的，但有些问题是需要把三方综合起来考虑才能解决。

　　环境是非常重要的，到了2015年我们开始订立可持续发展的目标，接下来我们看一下关于气候变暖和二氧化碳排放的问题。

　　从图3可以看到，很多国家通过GDP的增长都在积累资本，但是有些国家比较贫穷，他们的GDP是比较低的。像中国和斯里兰卡这样的国家就属于中间收入的国家。在这张图表中我们可以看到，贫穷的国家可能会在绿色增长的道路上有下滑的趋势。我在《巴黎协定》里也对这个问题有所研究，我注意到我们需要恢复经济和我们美好生活的话就要减少碳排放。但是，还有另外一边的情况要关注一下，那就是中间收入的国家群，他们的绿色增长的道路是像中间这条虚线的表现。他们跟北美一些发达国家的碳排放其实是很相似的，中间收入的国家应该懂得去减少碳排放。使用技术所带来的飞跃，可以帮助我们改善相应的碳排放问题。

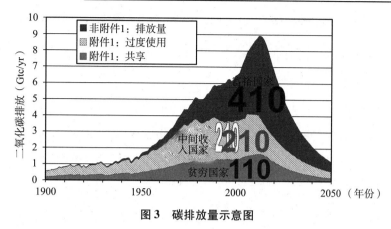

图3 碳排放量示意图

　　平衡的绿色增长是具有包容性的，使用这样的一条绿色增长道路可以让中间的这个隧道变得更加的长，我们也在努力地制定相关概念，事关人类的福祉，和政府共同来打造更美好的社会。我们想要以人类的福祉作为一个重要的指标来衡量我们的生活状态，推动绿色增长的目标。如果我们不适用绿色增长的方式发展经济的话，问题就会很多，不仅会影响到贫困的人群，而且还会影响到所有人，影响到我们所在星球的可持续发展。

　　下面谈一谈"一带一路"倡议以及上海的合作公约。丝绸之路的精神其实是一个很古老的提法，指的是古代的一条贸易之路，代表的是东西方之间的交流和合作，而且也是历史和文明的遗产。中国国家主席习近平提出"一带一路"倡议是想要连通中国欠发达地区和亚洲近邻地区，加强文化的和谐和人员之间的往来，打造有利于交通和能源、技术发展的新的标准。让"一带一路"沿线的国家都能够分享各自的资源，达到共同富裕。

　　丝绸之路有陆上的丝绸之路，也有海上丝绸之路，斯里兰卡占据着战略性的位置，是海上丝绸之路的中心。我们有两个非常重要的海港，2050年我们将会成为中国最大的海上贸易伙伴。而且斯里兰卡也推出了"2030可持续愿景计划"希望能够打造具有可持续发展的经济。在2030年之前就能够打造出这样具有可持续性的，国民能够拥有中上收入，能够成为印度洋中心的国家。不仅经济蓬勃发展，而且是一个可持续性的发展，具有包容性，和谐、和平、公正的国家。

我们非常希望这个绿色"一带一路"倡议以及"2030可持续愿景"能够帮助整个社会在各个层级上获得进一步的发展。整个世界将会变成一个多极世界，中心将会很多很多，包括像中国、"一带一路"沿线国家、欧盟、"金砖国家"等。技术的流动目前是从地球的北边到南边，但是从一个新兴世界的角度来看，应该会呈现多极化，就是从西到东、从北到南都有技术流动。

最后，我想分享一下这个"平衡包容绿色增长"给我们带来的可持续消费的结果。世界上最富有的这些国家，他们占有了1/3的食物，但是世界上还有10亿多人口受饥饿的折磨。这里有一个例子是关于能源的，可以看到"平衡包容绿色增长"也是可以提高我们的经济效率、帮助我们保护环境的。可持续的生产是非常重要的，可以获得相应的平衡，在可持续消费和可持续制造之间达成平衡，他们能够共同的努力。现在世界遇到了很多的问题，有很严峻的挑战等着我们，但是我们能够使用这样一个"平衡包容绿色增长"的机制，以一种综合的方式来解决问题。中国的"一带一路"倡议能够帮助我们获得21世纪全球的生态文明。

绿色发展要注意符合国情

卢中原[*]

大家好，首先要祝贺福建师范大学 110 周年校庆，我本人也是师范大学系统毕业的，我毕业于天津师范大学，而且我参加过师范大学系统的一些会议，因此我觉得由我来祝贺一下也是顺理成章的。大家知道师范类院校在中国成立百年以上的没有几个，真正有 110 周年的福建师范大学堪称首例，所以这 110 周年的华诞真的可喜可贺。而且我读研时就知道福建师范大学的陈征先生是讲资本论的，当时在资本论研究和教学领域是排前几位的知名专家了。这些年我也有幸和福建师范大学做了多次的合作，因此也感谢福建师范大学邀请我参加这个论坛。

绿色发展对于我们提出"一带一路"倡议之后，我们应当关注什么？说实话，从 20 世纪 70 年代中国就接受了可持续发展的理念，而且出台了第一个《21 世纪可持续发展的行动纲领》，这是政府的行动指南，不是学术研究。我们作为一个发展中大国能在那时提出这样一个理念，并且制定出政府层次的行动纲领应该是很不容易的。现在我们又提出了绿色发展的理念，我一直在琢磨绿色发展和可持续发展到底有什么不同呢？又有什么相同呢？从学术

---

* 作者简介：全国政协委员、国务院发展研究中心原副主任、中国农村劳动力资源开发研究会会长。

的角度大家可以进行很多的研讨，但是我个人觉得实质上没有什么区别，无非就是提法的不同。

包括中国也提出来生态文明，到底是什么含义，北欧提出来低碳经济，这些理念很多，我们到底应该遵从哪个，以哪个为主线，未来我们以哪个主线作为指导。这些我们尽可以从学术上加以研讨，但是从政策和努力方向上来说，我觉得不管叫什么，就是资源环境友好、环境可持续的生产方式、产业结构还有个人的消费方式。这个概括也不一定精准，因为这个理念太多，我们到底应该遵从哪一个。今天我不是从学理上探讨这些理念的区别和相同之处，我只是说我们就是按照资源环境友好、生态可持续甚至还有社会可持续这些主要的脉络，去构造我们的生产方式、投资方式、产业体系还有我们的消费模式。

"一带一路"倡议提出来后，这个指向合作的范围我认为还应该再进一步深入思索一下。因为"一带一路"沿线国家和地区大部分是属于发展中国家和地区，发达国家有一些，例如，我们最终要到欧洲，欧洲板块是发达国家，但是我们中国往西北方向一直到欧洲，这个沿线的"一带一路"国家和地区大部分是跟我们水平差不多，或者是高一点，或者是低一点的发展中国家。在这样的经济发展水平区域里我们探讨绿色发展，一定要注重国情。

第一，要符合自己的资源禀赋，我们的资源禀赋特点是什么？比如中国的资源禀赋主要是化学能源。在能源消耗当中，化学能源占到了70%还多，这样一个基本国情是不可绕过的，我们应该怎么办？我们是不是就接过来低碳经济的口号，去想低碳经济的办法和机制呢？但是，低碳经济是针对什么的呢，是针对北欧缺乏化学能源的国家来说的，是指非化学能源为主。而我们的化学能源就是高碳，我们怎么办？这需要我们研究，我们要发挥自己的长项，要发挥我们的资源禀赋。绿色发展重点是要解决中国的高碳资源，我们怎样把它清洁化、可循环、可持续利用。这里面我们可以借用低碳经济的理念甚至一些机制，但我个人是不赞成用什么低碳经济这样的口号，因为针对我们资源禀赋是不同的。那么资源禀赋还有很多，比如说"一带一路"沿线国家和地区，有些地方就没有这么多的资源，化学能源是很少的，但是它有大量的天然资源，比如森林、木材、农业、牧业等，拥有这样资源禀赋的国家和地区搞绿色发展重点是什么？比如蒙古国，我曾经交流过，他说我们蒙古国要和中国进行贸易和投资，我们怎样合作，应该关注哪些。我说你就到我们的西部和内蒙古看看，我们怎么做退耕还草的领域，看看怎么进行投资合作。当时那个专家深受启发，认为我们要找的是一种思路。蒙古国的资源禀赋和内蒙古非常接近，在这种情况下，"一带一路"沿线国家，考虑绿色发展，第一位是考虑自己的资源禀赋，我们主攻的是什么难题。还有一个就是大面积的草原，如果都是种粮食和大量放牧，你还搞什么低碳经济，搞什么煤变油，这都是不着边际的事情。因此，我想我们靠着"一带一路"沿线的国家和地区，第一位要考虑的是我们不可替代、不可绕过的，这是我们的宿命。但是我们怎样改变它，一定要找到我们自己的出路。

第二，就是发展阶段，发展阶段可以与资源禀赋有很大的区别。我们有很多政策、规划、机制在这里起作用，我们的发展阶段有可能是不局限于我们的资源禀赋，我们发展得比较好、比较快。但也有可能资源禀赋很丰富，发展又非常落后，那这个发展阶段也是值得我们选择绿色发展路径和重点考虑的。我们可以用很多实际的例证考虑一下，比如中华人民共和国成立初期，我们就构造了独立、完整的工业体系，这在相同发展水平的发展中国家是绝无仅有的，几乎找不到第二个发展中国家有这样完整的工业门类。这对于我们来说既是开展计划经济、城乡分割体制又是工业化道路的一种选择，这样成为我们的历史遗产，也可能是我们的包袱。发展阶段阻碍了我们选择绿色发展的路径和重点，但它又是我们的财富，我们有独立完整的工业体系，我们在这里重点就是要改造、升级传统的高能耗、高排放的工业体系，这样就找到了我们主攻的对象。而不是"一带一路"沿线国家都要学中国，都要改造传统工业，有些国家甚至没有工业。因此，需要了解那个国家和地区重点是什么、短板是什么。

我认为我们"一带一路"倡议的沿线国家要深入思索，这是发展阶段带来的差异，使我们在选择绿色发展的路径上、规划的重点上有很大的不同。大家总说中国制造，世界工厂，中国有多少个世界第一，基础设施、高铁、量子卫星，中国攻克的难点在哪里呢？中国有如此先进的制造业、高技术产业，它要攻克的是什么呢？大量的传统产业，高能耗、高排放以化学能源为基础的工业门类和完整的工业体系，这是我们重点要攻克的。所以在中国选择绿色的路径，重点和我们规划的着眼点，和我们中长期考虑的事情，是和其他国家不太一样的，和沿线的地区也不太相同。这是关于经济发展水平，另外经济发展水平在中国这样的大国差距也是非常明显的，中国有三大地带，东、中、西，现在我们可以分成东、中、西和东北，东北比较特殊，计划经济和国有经济的比重很大，所攻克的难点和东部、沿海地区不同。而像福建长期没有进行重工业和基础设施投资，是因为历史上，福建是台海地区，但是现在进行大量建设，引进大量的台资、外资，还有福建的华侨，在这里侨资、民资非常活跃，在这个地方发展起来绿色发展的产业链条，还有一揽子解决方案就比较容易。但是我们科研力量比起国有的院所、大企业又相对薄弱，在这样的条件下我们选择的发展路径和重点又是不同的。那我们的西北地区、大量的荒漠化地区，这样的地区要解决的是什么呢？就是人与自然能否和谐相处是第一位要考虑的问题。我有幸走过一次河西走廊，在沿线看到了"大漠孤烟直"。什么叫"大漠孤烟直"，古诗讲的是边塞将士点的烽火和狼烟。但是，我个人觉得非也，是荒漠化的龙卷风，我们就是在河西走廊看到十几座"龙卷风"，像是"大漠群烟直"，远处的群山和树林忽忽悠悠。这样独特的景观怎么形成的？人进绿洲退，有绿洲就有人畜的活动，被蚕食，绿洲消退。这样的地区进行绿色发展要注意的是人与自然和谐相处。

第三，就是绿色发展要选对机制，我们过去在绿色发展方面关注得比较少。现在强调绿色发展我们可以考虑绿色发展到底哪一种机制比较好，通常我们学经济学都知道，市场机制有一个最大的缺陷就是负外部性，其实也叫作外部负面影响，最典型就是污染。成本不能内部化，成本是外部化由社会来承担，所以大家都得受损害。这种机制不能靠市场来单独调节，就需要靠政府调节。所以我们在绿色发展当中选择路径如果是市场的负外部性，那么绿色发展往往要由政府来出手的。政府行动在这里就极为关键，包括政府的行动规划、政府的财政投资、政府的基础设施投资、政府的补贴、政府的优惠信贷。政府主导的行动是绿色发展当中市场失灵所不能解决的，所以我们要选好机制。但是如果在绿色发展当中我们一味地依靠政府，那么福建东南沿海的侨资、民资、外资搞新能源建设，搞循环经济的上下游产业链，完全按照市场导向成长起来的地区也将不会有今天朝气蓬勃的发达局面。

因此在绿色发展过程当中，我们要想如果由市场机制来调节的，这个领域绿色发展的空间我们是不是给足够了，我们的机制是不是充分合理了，我们要搞老区改造，老旧小区改造，能不能通过政府的调节把清洁能源的管网、管线、设施规划好，这样让民营企业找到了清洁能源的使用市场。创造了需求，而不是政府每一个砖块都由我提供，每一个住宅都由我投资。我们在这个方面还有许多的市场空间要去开拓，许多合理的机制需要我们创造。比如现在雾霾的治理，雾霾治理也有许多需要我们去研究的。比如现在可以淘汰落后产能，发放困难补助，我们能不能有正面的激励机制，谁主动淘汰高能耗、高排放的传统产业和落后设备，政府有奖励基金，相关优惠的贷款、补贴、相关税制都跟进。但问题是现在更多的是你困难，我们给困难补助，你这样导致很被动，这就是我们需要研究的。机制要鼓励绿色发展，也必须有足够合理的政府行动和市场行为巧妙结合的机制设计，否则的话我们的绿色发展就有可能走入市场失灵的"死胡同"，也可能走入政府失灵的"陷阱"。

共建绿色及气候适应型的"一带一路"：机遇、挑战和方案

何伊兰[*]

 我非常荣幸能够出席今天的论坛，也非常荣幸能够代表 OECD，我在 OECD 主要是从事跟新兴国家和发展中国家的能源相关的工作。我是负责中国办公室的工作，我想代表 OECD 表达我们能够对绿色丝绸之路打造的愿景。接下来我会提到关于建立绿色丝绸之路的挑战和经济的机会，包括提到一些相应的解决方案和建议。在这里，我想跟大家分享一下 OECD 的一些想法。

 先与大家回顾一下 OECD 意识到和研究到的"一带一路"的概况，是中国发展的模式，也带来了很多创新的体验。中国政府提出一个很重大的倡议，将会让全世界的 2/3 的人口获益，代表全世界的 4% 的贸易额，超过 50% 的世界的能源消耗都被覆盖到。这是一个很巨大的工程和倡议，当然挑战和机会是并存的。这项倡议是由中国提出来的，是与"一带一路"沿线国家基础设施息息相关，希望能够帮助这些国家提高他们的基础设施，进而促进增长，我们也是打造了一条经济走廊。当然我们应该都能了解到"一带一路"倡议的重要性。这个倡议将会帮助中国很多地区脱贫，经济发展水平能够赶上其他的一些发达国家。中国政府正在努力解决一些经济的问题，促进可再生能

---

 * 作者简介：OECD 经济合作与发展组织国际关系秘书处战略伙伴关系及新倡议部门主管。

源的使用等。像今天这样一个国际论坛的目的,其实就是想要了解中国在"一带一路"倡议上获得的成果,才能帮助我们打造未来有效的合作机制和经济增长方式。

现在中国是非常重视环保的,同时也重视经济增长。先跟大家回顾一下跟投资和"一带一路"相关的一些问题和陷阱。基础设施的重要性不言而喻,在未来我们将亚洲和欧洲的基础设施连接起来也是非常重要的,我们有可能要避免发生在环境上的缺陷。我们新的投资可能会让我们陷入"棕色"基础设施的情况,就是质量比较差的基础设施。我们也要意识到我们在进行一些政策和规则制定的时候,要避免一些不合理的错误的决定和政策的制定。基础设施的类型和基础设施的设计方面都是值得我们考虑和深究的。

在"一带一路"沿线国家可能都会出现这样的问题,我们遇到了非常多的挑战,我想强调三点:

第一,就是身陷困境的资产,只要涉及基础设施上的投资,很多国家都会遇到这样的困局,包括像是出现了"棕色"的经济如何脱身是值得考虑的问题。所有的国家都有基础设施,但是我们在化学能源的使用上面正在出现转变,有些基础设施的化学能源需要被取代,需要使用更新的能源。受困的资产是一个困局,我们需要解决,当然在每个国家的受困的资产是不一样的。但是相应的方法论并没有得到很好的完善,目前还在研究过程中,需要跟今天在座的其他合作伙伴的专家进行讨论研究。当然它对于我们的经济增长也是会带来影响的,因为对于经济和投资有所影响,这对于向绿色经济增长的转变也有所影响。在煤炭业、石油业、天然气业也有影响,全世界 70% 的天然气都掌握在政府的手中,这个比例非常高,而其他的一些类似天然气的能源 50% 以上资源都掌握在富有的国家手中。所以在环保以及新颖的能源行业应该有所改变,应该了解如何解决这些困境。

第二,我想跟大家分享的是 OECD 也是一直努力在解决的,就是 G20 国家当中所面临的挑战。政府对于石化燃料的支持，这个也是我们气候变化当中主要的议题。一方面我们发现想要实现更好的环保是有困难的；另一方面我们在推行可再生能源方面也面临着一些挫折。我们说 G20 国家当中，比如中国对石化燃料也有支持的，所以我们也可以在"一带一路"倡议当中更好地制定与石化燃料相关的支持。有些国家对石化燃料的补助可能更高，甚至比健康产业还高。对于经济的发展，对于政府民主的实施也是一个比较大的影响。我们会看到 OECD 的国家当中还是使用石化燃料的，我们会看到这些发展中国家对于石化燃料的支持力度会更大。

第三，就是关于解决问题的一些方法以及我们面临的一些挑战。德国总理默克尔有涉及这个问题，而美国总统特朗普对于这个做法也是有相应不同的看法，他们也提出了如何更好地将增长和经济转型结合起来。我们做了一个分析，去分析结构性改革和经济增长、低碳经济之间的关系。图 1 是一个分析结果，是在 G20 国家当中做的，也愿意跟大家合作，去推行这样的方法和概念，针对"一带一路"的项目当中去实施。

其中我们有一大发现，在气候还有低碳方面架构上的投资比例是比较低的。这边我们也是可以看到有些数据比较高，但也并不是特别高，体现出了财务的情况。在中国，不知道大家有没有看一些新闻，昨天在包头有一些地铁的项目被取消了，可能是由于不同的原因导致，但是也能让我们更好地了解到中国的发展银行、中国农业银行等一些国家性的银行，他们是"一带一路"项目的主要资助人或者是资金的来源，他们在这些项目当中都是非常活跃的。但是这些银行的可持续性也是需要我们进一步去考虑的，所以说，也是需要政府对这些银行有资助。从风险角度、财务的可持续角度来说，我觉得只是 10% 这样一个比例已经比较高了，所以需要我们有更好的绿色金融的方式、更加可持续的做法，才能帮助我们实现长期的投资。我们也需要合理的金融工具去实现我们的绿色金融的目标。

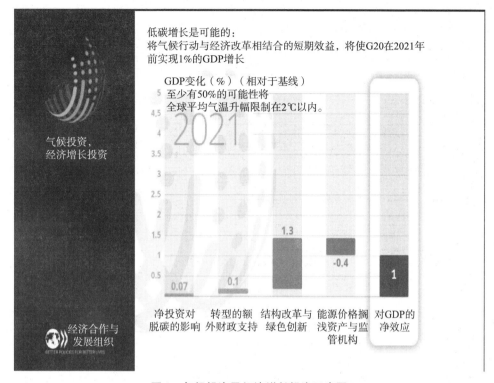

图1　气候投资及经济增长投资示意图

资料来源：经济合作与发展组织、气候投资、经济增长投资，2017.5.23. http：//www. oecd. org/environment investing – in – climate – investing – in – growth –9789264273528x – en. htm。

　　这个报告的结果跟大家分享一下，报告中说我们需要一种新的方法去解决这个问题，有利于经济、环境的发展。需要考虑到三个方面的问题，其中包括更加协调的投资环境、促进增长的结构性改革、政策导向的气候变化，等等。这三个方面都是可以帮助我们更好地实现低碳经济和绿色经济，所以我们在这些方面需要配置更好的监管、设施和法律。

　　这里跟大家分享一下交通领域的案例，这是跟 OECD 合作的项目，在这个环境中我们将不同的国家分成了不同的组别，主要是侧重在交通的政策上，将这些成员国的交通方面的政策进行比较（见图2）。

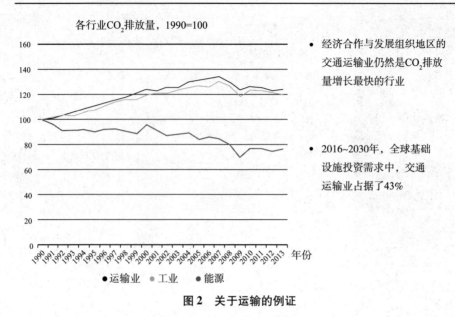

各行业CO$_2$排放量，1990=100

- 经济合作与发展组织地区的交通运输业仍然是CO$_2$排放量增长最快的行业

- 2016~2030年，全球基础设施投资需求中，交通运输业占据了43%

●运输业 ●工业 ●能源

图2 关于运输的例证

资料来源：ITF/OECD。

我们发现交通跟气候变化之间的关系，中国也是受访报告当中的一部分，同时，我们也得出一些非常有意思的结果，因为这个结果也是跟气候变化的议程是紧密相关的。首先，交通部门是非常重要的部门，我们可以进行相应的投资，同时它占到全球基础投资的43%，以及二氧化碳的排放，很大一部分也是来自交通领域。

我们是时候采取行动了，并且要不断地合作，这就是我们其中推荐给大家的未来我们需要合作的一些方向。比如我们在国家层面上、国际层面上都可以进行合作，形成一些战略，可以更好地促进绿色经济的增长。比如说我们有石化能源燃料支撑的平等的审议制度，比如更好打造与基础设施项目相关的数据库，还有环境的一些指标可以更好地为我们研究出基础设施当中的质量。还有就是我们要更好加强在ERA当中的能力建设和经验分享，此外还要分享与欧亚之间的互动性。

"一带一路"倡议下的环境保护合作

葛察忠

　　大家知道"一带一路"倡议是中国政府主导发布的，我们根据中国政府的要求也编制了《"一带一路"生态环境保护合作规划》，我这里有一本《关于推进绿色"一带一路"建设的指导意见》，一个是《"一带一路"生态环境保护合作规划》，有中文的，也有英文的。我今天的发言主要是按照"一带一路"生态环境保护合作规划的相关内容来讲。刚才何伊兰女士也说了，"一带一路"建设因为有了大量的基础设施建设，也有了一些产能合作，交通基础设施的建设，存在着一些环境问题或环境压力。为了推进"一带一路"倡议，从中国政府的角度，提出了在"一带一路"倡议下进行一些生态环保合作。我的发言包括这几个方面：第一是关于"一带一路"倡议，大家只知道是中国政府 2015 年发布的"一带一路"愿景和行动，这里重点明确了政策沟通、设施联通、贸易畅通、资金流通、人心相通。从环境保护的角度来说，设施联通这块有基础设施的建设，在资金或者贸易这块有产能合作，这些都可能对当地产生一些关键的影响。

　　中国政府在"一带一路"倡议提出来以后也是高度重视"一带一路"生

---

　　* 作者简介：中国生态环境部环境规划院环境政策部主任。

态保护问题。例如，在愿景里我们提出生态保护的多样性和构建绿色生态之路。我们在"十三五"规划里面也专门提出了绿色丝绸之路建设的专章。在关于推进"一带一路"规划里也有要求，包括2017年5月时，习近平主席在"一带一路"国际合作高峰论坛上也倡导要绿色、低碳、循环、可持续的生产生活方式，加强我们的生态环保合作。整体上说，从国际上看，任何发展绿色化已经成为国际上的发展趋势。例如，2030年的可持续发展，有大量的指标包括17类100多项的指标中，有很大部分跟我们的环境保护有关。另外在一些引导、依托新技术的绿色增长，正在成为各国应对危机实现可持续发展的选择。

作为绿色"一带一路"发展的考虑，从理论层面上，我们"走出去"的企业溢出的效应产生环境的外部泄露，这些责任是谁的责任，在依据方面说我们有全球的环境保护协议，有投资所在国的国家的法律法规，另外还有一些关于企业倡导的资源型的保护协议，例如OECD的企业的环境协议。在制度安排上考虑的可能有全球的一些规则，包括全球的一些环境公约、条约，所在国一些环境的保护法律法规，中国的一些法律法规。在这里我们从研究角度来说，推进"一带一路"倡议中的环境保护需要发挥各个利益相关方的责任，比如国家、企业、所在国还有非官方组织的作用。作为"一带一路"里面的环境保护，我们的基本考虑，比如要处理好对外投资的关键效应，减少一些负溢出效益，倡导良好的环境行为。比如我们在"一带一路"里有项目建设，有对外投资……比如环境质量，我们的环境保护政策，资源也有特点，我们的基础投资考虑到我们的环境政策、建设投资，等等。

第二部分讲一下"一带一路"我们所面临的环境压力，整体来说，"一带一路"沿线国家生态环境状况是不一样的。有些存在着区域的差异性，国别的差异性，比如在东南亚，国别之间存在明显的差异性。比如新加坡、文莱生态环境比较好，而菲律宾一些城市的空气污染比较严重，越南水土流失比较严重，洪涝灾害比较频繁。南亚的土地荒漠化或者空气污染比较严重，印度、尼泊尔、孟加拉国带来的农业开荒的问题，热带天气伴随着土壤的荒漠化，导致这个地区的土壤流失比较严重，其他国家比如人口大国空气污染问题。中亚资源比较多，禀赋比较高，大量开采矿，会带来破坏土壤的问题，矿产结构会造成空气污染，导致地区的生态环境有较大的问题。比如哈萨克斯坦、乌兹别克斯坦，存在水资源较为短缺、水污染的问题。西亚整体生态条件还是较差，主要是受战争和能源供应的影响，包括土耳其、阿联酋生态环境可能比较好，政府也注重环境的保护。约旦荒漠化比较严重，中东欧整体环境比较好。埃及主要有地表下降等问题，这是我梳理的其他"一带一路"沿线国家的一些环境的特征。

第二是环境的问题非常复杂，一个是涉及范围广，自然环境多样，途经范围比较广阔，有山地、高原、丘陵、热带雨林，极地冰川，沿线国家几乎是发展中国家。生态系统整体表现脆弱，比如"一带一路"建设区域一半以上是高海拔的地区，而东北亚、西亚、东亚等地都是全球气候最为干燥的地区，水资源也比较短缺，荒漠化问题比较严重。这些地区大多数是发展中国家，发展与保护的矛盾还是比较突出，环境污染形势也是比较严峻。国际产能合作和基础设施也加大了生态环保的压力，比如投资对生态环境的影响。在海外投资的企业对中国来说，实践还有待提高，我们也做过中国对外投资的环境保护政策和分析。总体来说，大的企业"走出去"以后是注重环境保护的，但是也有一些企业"走出去"以后存在环保做得不好的问题。

第三是生态环保合作规划，其实这个环保合作规划一个是中国政府配合"一带一路"倡议主动提出来的。整体上还是注重"五通"，比如政策沟通、设施联通、贸易畅通、资金流通、民心相通，涉及利益的相关者有政府、企业、智库、社会环保组织、金融机构，整体上来推进生态环保合作的工作。其一，我们还提出要分享一些生态文明建设和绿色发展的理念和想法。生态文明建设是中国提出来的，绿色发展全世界都有，我们用的是分享绿色发展的理念和实践。我们要传播我们的生态文明理念，分享绿色发展的实践。其二，我们要搭建好生产环保合作的平台，比如加强生态环保的合作机制，平台建设，还要推动环保社会组织或智库的交流与合作。其三，我们要遵守法律法规，促进国际产能合作和基础设施的建设绿色化。这块企业是主体，我们要发挥企业环境治理的主体作用，包括要强化企业自身的环境管理，推动企业环保信息的公开，还有推动绿色基础设施建设。低碳化建设运营，包括产业园区环境管理工作。其四，推动可持续发展、增长和消费，我们还要促进一些环保产品和内生贸易的便利化，加大贸易出口的环境管理，推动环境标志产品进入政府的采购，加强绿色供应链的管理。因为绿色供应链这方面国际上也在做，中国也在推行。

第四是加强支撑力度，推动绿色资金的流动，比如要推进绿色金融的引导投资决策绿色方案的问题。

第五是关于生态环保项目的活动，促进民心相通。其中的重点是开展一些生态环保项目或者活动，加强生态环保的重点领域的合作。比如环境污染治理的、生态保护的、环保科技的、环保旅游的合作，还有加大一些绿色示范项目的援助，这已经实施了，而且有很大的效果，现在我们要继续推进。另外还要开展一些环保产业的技术合作、产业园区的合作和示范工作。丝绸之路对外是各个国家，对内也有国内的一些绿色丝绸之路的起点、核心区域要加强这些方面的合作，主动对接"一带一路"倡议。

绿色和环保是中国倡导的"一带一路"倡议里面的重要内容，也是中国推进生态文明建设的五大发展理念之一。合作项目不仅需要考虑当地的环境、特点、法律法规，还要考虑环境影响，在投资过程中消除这些影响，促进绿色发展。另外通过环境合作来防范环境风险，促进"一带一路"倡议的实施。

绿色"一带一路"助力 "2030 年可持续发展目标"

张洁清*

本报告分成三个部分：第一个部分主要是讲为什么"一带一路"建设要绿色？第二个部分介绍在"一带一路"建设中生态环保到底做了哪些工作。第三部分介绍下一步我们还要干什么，为什么要建设绿色丝绸之路呢？大家肯定知道有很多理由，所以我想简单分成三个部分。第一个是"一带一路"沿线国家生态环境状况到底是什么样的？第二个是国际绿色发展的潮流是什么。第三个我们再看绿色的"一带一路"对于实现"2030 年可持续发展目标"有怎样的潜在贡献。

"一带一路"沿线国家面临的生态环境状况挑战，一个是"一带一路"沿线国家本身大多数都是发展中国家，发展水平相对比较落后，发展方式也比较粗放。同时"一带一路"沿线国家也处在生物多样性，而且是生态环境比较脆弱的地区，所以资源环境压力本身就很大。另外，因为长期的经济的发展，工业化的过程本身对其自身造成了很多问题。比较重要的环境问题，比如生态系统的退化和生物多样性丧失是比较大的问题，由于过

* 作者简介：中国—东盟环境保护合作中心副主任。

度开采、人口增长等问题造成了森林的锐减，外来物种的入侵，非法偷猎、走私，等等，使这个地区的生物多样性受到了很大的威胁。另外还有经济的发展，城市化和工业化以及这些基础设施的匮乏，导致在沿线国家也存在水和大气的污染问题。比如有很多没有经过处理的水流到河里造成流域的污染，另外，工业化进程的加速带来了非常严重的大气污染问题。根据世界卫生组织最近发布的报告，全球基本上90%的国家人口都暴露在不符合世界卫生组织规定的健康标准之内，特别是PM2.5。另外由于地区特殊的地理环境导致的水资源短缺的问题。气候变化的压力问题无须多言，很多研究都显示在东南亚、南亚等地区实际上对"丝绸之路经济带"沿线地区都存在暖干化的趋势。

现在的国际潮流是"2030年可持续发展目标"，我相信大家都不陌生。在"2030年可持续发展目标"中的17个大的目标、169项子目标与环境相关的目标非常多。

从表1大家可以看出有一些大的目标直接跟环境有关，专门针对生物多样性，像我们有专门的目标针对气候变化等。这张表说明在"2030年可持续发展目标"中，环境和社会经济已经完全融为一体，并且分量越来越重。另外一个对于环境的利好消息是2015年12月通过的《巴黎协定》，这是对人类应对气候变化的威胁已经有了硬性的指标，比如规定升温不超过2度，还形成了一个2020年以后全球气候治理新的格局。所以，这样就把所有的国家纳入气候治理的格局之中，通过这两个非常重要的里程碑式的事件，《巴黎协定》和"2030年可持续发展目标"的通过，意味着全球对于可持续发展已经达成了共识，并且现在我们已经从过去的犹豫、谈判、争论的阶段步入彻底实施的阶段。目标已经摆在眼前，就看各个国家怎么来落实。现在人类的发展模式以及大家的思想已经开始发生了根本性的转变。绿色可持续发展的概念已经真正深入人心。

表1　　　　　　　　　　2030年可持续发展目标及相关环境问题

2030年可持续发展议程中的环境相关目标	所涉及环境问题	子目标数量
目标6. 为所有人提供水和环境卫生并对其进行可持续管理	水和环境卫生	8
目标12. 采用可持续的消费和生产模式	可持续消费和生产	11
目标13. 采取紧急行动应对气候变化及其影响	气候变化与灾害	5
目标14. 养护和可持续利用海洋和海洋资源以促进可持续发展	海洋和海洋资源	10
目标15. 保护、恢复和促进可持续利用陆地生态系统，可持续地管理森林，防治荒漠化，制止和扭转土地退化，阻止生物多样性的丧失	陆地生态系统、森林、荒漠化、土地退化、生物多样性	12

一方面在环境治理的体系上，大家可能也知道随着这些年的发展，环境治理体系本身也在日益完善，比如《京都议定书》等多边环境公约接连的出现，还有很多贸易环境之间的关联越来越紧密，很多重要的多、双边的贸易规则中，环境的规则已经越来越严。这是国际的大潮流；另一方面在各个国家层面，也已经开始把绿色化作为自己发展战略的核心内容。发达国家就不再提了，最初，2008年联合国环境规划署提出绿色经济时在发展中国家引起了很大的争议，他们基本认为发展中国家仍然应该发展，绿色化会不会造成新的壁垒，有很多疑问。但是经过一两年的发展，随着国际潮流的前行，各个国家对绿色经济概念已经深入人心，各国都接受了绿色发展的理念。而且他们也在纷纷制定自己的政策，在这个政策里已经把经济发展和绿色化以及环境要素考虑在其中。柬埔寨就为绿色行业的发展制定了路线图，哈萨克斯坦曾经提出的绿色桥梁倡议，很好地把经济发展和环境保护两个概念融合在一起，推动本国绿色经济的发展。

首先，我们都知道"一带一路"沿线国家在落实"2030年可持续发展目标"的进程中还是面临着诸多的挑战。这些挑战当中既有体制机制方面的，也有能力不足方面的，可持续发展的相关政策机制可能要完善，另外有很多的国家甚至在环境统计上还能力不足。比如环境状况怎样，如何评估，监测体系都没有健全。在绿色"一带一路"建设过程中，就能够为沿线国家提供更广的平台，并且拓宽了合作的渠道，通过这样的方式来推动这种体制机制的建设，特别是能力方面的建设。比如在绿色"一带一路"建设中可以推动区域环保信息的共享，从而帮助各个国家深切了解自己国家的环保状况，并且提出自己需要开展国际合作的需求，使得这种国际合作更具有针对性。

其次，"一带一路"沿线国家在落实2030年可持续发展中，很多国家发展仍然是首要的要务，所以环境目标对于很多国家在财政投资上不是优先项目，最优先的项目还是要保证经济发展和保证民生。另外，在绿色基础设施建设上还存在很大的缺口，世界银行的预测，如果2030年要实现低碳能源的转型，每年需要额外投资800亿美元。从这个角度来说，绿色投资在资金方面是有很大的缺口，绿色"一带一路"的建设恰恰可以推动绿色区域绿色金融的发展，通过绿色金融的发展保障沿线各个国家绿色发展的资金。

最后，缺口肯定就是技术，很多国家之所以很难履行国际公约条款，包括在自己国家的环境治理体系中，也不能够很好地按照环境治理体系的规则治理环境，很大程度上也是因为缺乏相应的技术。比如没有污染治理的技术，没有先进的替代的技术，这些都会导致一些国家在环境上有很大的缺口。"一带一路"本身是推动贸易畅通的绿色化，使得一些国家促进绿色技术的传播和推广。2016年中国科技部下发了指导性文件，指导和"一带一路"沿线国家合作时要优先推广先进的节能技术的使用，使更好的清洁技术转移到"一带一路"沿线国家。例如，2017年的光大国际在越南开始了一个现代化的垃圾发电项目，这个例子说明绿色的技术如何通过"一带一路"的建设转移到沿线国家去，来推动沿线国家环境治理的水平。

绿色"一带一路"为沿线国家带来的机遇除了前面介绍的环境机遇外，

还包括消除贫困、促进社会公平、创造就业、提升劳动力技能，等等。领导层方面非常明确地指出"一带一路"的内容就是生态环保的内容，"一带一路"最顶层的文件即愿景与行动的文件当中很明确要求，一方面是鼓励企业参与"一带一路"基础设施的建设，同时要求企业履行企业社会责任，严格保护生物多样性和生态多样性。

习近平主席在2017年5月"一带一路"国际合作高峰论坛上也专门提到了在"一带一路"的建设中要践行绿色发展的理念，并且要共同实现"2030年可持续发展目标"。这是从国家意志的角度明确生态环保是"一带一路"非常重要的内容。国家意志怎么来落实，我们是通过两个非常重要的文件落实，这里面说明生态环保对"一带一路"提供的支持。我们提到绿色"一带一路"时，我们知道"五通""一带一路"非常重要的内容，绿色"一带一路"的内容很明确的一点就是要实现五通的绿色化，这是"一带一路"两个非常重要的文件，这两个文件都是在2017年4月和5月陆续颁发的。《"一带一路"的生态环境保护合作规划》，在这两个文件里面已经非常明确地规定了，在绿色"一带一路"建设中主要内容是什么，我们到底要做什么，包括绿色"一带一路"建设的主要目标。这个目标也是非常明确的，有时间年限，其中规定了2020年、2025年、2030年分别达到不同的目标。最后2030年的目标就是推动实现2030可持续发展目标。

绿色"一带一路"的时间节点和"2030年可持续发展目标"是相吻合的。在顶层的决策、政策保障之外，在行动上、生态环保上，一方面是打造绿色"一带一路"沟通对话的平台，促进和沿线国家的政策对话和交流，互相增强了解。比如2016年12月在深圳举办了"一带一路"生态环保的国际高层对话会，联合国环境署的执行主任出席了这次会议，和沿线国家进行环境保护政策，环保理念和技术的对接和交流。另外我们还有一系列的对接交流的活动，实际上都是为了促进政策之间的沟通，比如我们有中国—东盟环境合作论坛，还有中国上合组织环保研讨会，以及中国—阿拉伯国家的环保论坛。我们 2017 年刚刚举办了中国—拉美的环境保护论坛。通过这样的方式互相之间增进了解、分享经验。

中国和沿线国家在互相增强政策沟通、分享经验、增进了解的过程中，我们也在积极推进企业参与绿色"一带一路"的建设。我们发起了一个企业环境责任共建"一带一路"的倡议，通过这个倡议邀请了 19 家在海外规模很大的企业来参加，敦促这些企业一方面遵守投资所在国环保的法律法规；另一方面就是要求企业也有自己内部的环境环保，从而推动绿色的产能合作和可持续基础设施的建设。另外为了推动加强能力建设，那么能力建设实际上是推动我们这些国家环境管理能力非常重要的方面。中国有一个称为绿色丝路使者的计划，就是能力培训的一揽子的计划，主要是支持沿线发展中国家环保的能力，并且开展环境的宣传教育活动。在这个能力计划下，截至 2016 年已经举办的培训班已经有二三十次，人数超过 700 名，内容包括环境影响评价、大气污染治理、水污染治理、环境管理、突然污染、环保技术转移等。实际上这些能力建设活动，我们举办议题的设计主要是来源于我们这些沿线国家迫切的需求，并且推动这些能力建设活动的开展。

刚才提到技术实际上是很多国家在推进环境治理方面，或者是履行国际环境公约方面非常巨大的挑战。我们也在积极推动先进技术的示范推广。比如我们现在已经建立了两个比较重要的产业合作和先进技术的示范基地。一个建在宜兴，另外一个建在梧州，还有一个是转移交流中心，这个转移交流中心设在深圳，因为深圳有自己独特的技术创新的优势，我们也希望将来这个技术交流转移中心的核心工作就是关于技术交流和转让的工作。通过这种转移中心的建立推动我们和沿线国家进行技术的交流和转让，从而使先进的环保技术保证环境治理提高。

现在我们一方面是在和联合国环境规划署交流，我们会共同在非洲建立中国—非洲环境保护中心，另外我们和柬埔寨的环保部交流，未来还将建设中国—柬埔寨环境保护中心。通过这样在海外中心的设计，核心的议题还是一方面把中心设在海外能够更便利开展能力建设的活动；另一方面是推动技术的交流和转让。

所以这些是我们现阶段在"一带一路"建设中生态环保所做的工作，下一步的工作实际就是推动"五通"的绿色化，其中一项就是生态环境大数据服务平台，我们现在正在建设，这个大数据服务平台核心功能就是为了推动在环境信息方面实现区域的互联互通，我们希望借助大数据的技术，收集和整理中国和沿线国家的生态状态和环境保护的政策、法规、标准、技术产业信息，通过这样的信息，我们的"一带一路"大数据服务平台受众一方面是各个沿线国家的政府，还有利益相关方以及我们的企业。让大家通过这样的平台互相之间更加的了解，能够更好地交流信息。所以说，我们这个平台的建设目标是什么？一是信息是共享的；二是数据是共享的；三是知识是共享的；四是由于这个平台产生的惠益也是共享的。并且我们并不是打算建成中国自己的平台，而是和沿线国家一道建成信息共享的平台。

另外，由环保部和联合国环境规划署联合发起的"一带一路"绿色发展国际联盟，会积极邀请各个有志于建设绿色"一带一路"的企业界、工商界以及社会各界包括非政府组织，都能加入我们这个联盟中来。这个联盟实际上主要的目的就是通过这个联盟来组织"一带一路"的国际对话，并且围绕生态环保的优先需求开展联合的研究。同时来促进环保的技术、产业的合作，最终的目标还是要推动我们所有的沿线国家生态环境保护能力的加强，推动这些国家来落实"2030年可持续发展目标"。

我们为什么要建设"一带一路"绿色供应链平台，实际上我们在说国际贸易的时候，更多情况下并不是国家和国家之间的贸易，而是大公司在供应链上产生的贸易。所以说抓住几家大型的龙头企业，由他们来确保供应链的绿色化，我们就可以得到整个产业的绿色化。通过这种产业的绿色化来推动国家的绿色化，这就是我们为什么在"一带一路"的沿线国家共同推动实行绿色供应链的合作。该平台在 2017 年 6 月时由东盟中心和其他八家单位一起发起成立，未来我们也期望通过这个平台的建设，能够推动将来"一带一路"沿线国家的供应链更加绿色，从而能够推动我们整个"一带一路"沿线更加绿色。

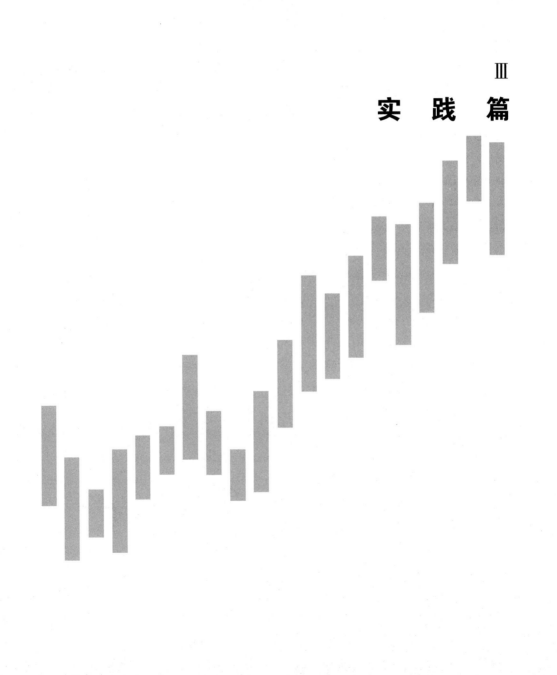

Ⅲ
实　践　篇

运用多边环境协议提升"一带一路"沿线国家环境治理

萨仁高娃·蕾娜拉察[*]

我来自联合国欧洲经济委员会（以下简称"联合国欧经会"）环境司。首先我简单地介绍一下联合国欧经会以及双边的环境协议，其次我给大家介绍一下我们所举行的两次大会。第一个大会是有关于信息分享、信息渠道的获得以及公众的参与。第二个大会是关于环境的公正。最后，我还会介绍一下跟"一带一路"倡议有关的法律手段和工具。

首先，联合国欧经会是联合国的五大机构中的一个，我们的成员国家来自欧洲、北美和中亚地区，我们的目标是希望能够覆盖整个欧洲、北美和中亚。我们在很多区域都付出了很多的努力，我们的工作范围也非常得广，环境、交通、统计等都是我们涉猎的方向和领域，由于时间关系没有一一介绍。比如环境、交通、统计、经济上的合作以及整合，可持续的能源、贸易的促进，等等。联合国欧经会促进这些领域上的对话，并且订立相应的标准，给出相应的法律手段和工具。我们都知道现在很多国际上的组织订立的标准并不适用于一些国家，也是空洞的没有用的协议，我们订立的标准想惠及更多

* 作者简介：联合国欧洲经济委员会环境司区域顾问。

的国家，并且是合理的。

我们已经举办了五次与环境有关的大会，汇集出来的成果就是多边环境协议，1983 年有一个长期的跨境空气污染解决方案，2000 年的大会是有关于跨境的水域以及国际琥珀的保护。2000 年时举办的大会是关于工业事故的一些跨境影响。

首先，伊斯坦布尔大会的协议，在 1997 年生效，现在已经有 45 个成员方，很快该大会上所总结出来的协议将会覆盖到联合国的所有成员方。该活动主要是聚焦在东南亚国家，但是最近的一些东南亚的国家也出台了相应的环保方面的环境治理协议。中国、柬埔寨、越南也是希望能够参与到这些减轻环境污染的工作中来。这份协议的目标首先是要加强与国际上的合作，来监测和测量环境问题、环境影响，特别是在跨境的背景中的环境影响。

其次，让大家可以更清楚地考虑到一些环境的因素。这个协议给成员方什么样的要求，所有成员方都有责任来保护环境，他们需要进行相应的行动，因为环境污染的产生会给邻国带来同样的污染。经济发展会带来环境的影响，而这个协议也要求结合各方能够衡量一下环境方面的污染和影响，还可以让相应的各方能够坐下来进行双边的协商。当然发生环境问题的国家要做最终的决策，也要结合很多的因素进行相应的考量，包括要从各方来收集相应的意见，进行合理的环境影响的分析和测量，以及进行双边的协商，等等。最后得出的决定必须发给受环境影响的其他国家。尊重双方的协商机制是很重要的，一些已经计划好的活动可能也会给环境带来很不利的影响。像设计的一些发电厂、核电站、火力、水力、风力发电站还有采矿活动和跨境设施的建设。当然提前设计好的基础设施建设也是有好处的，同时签订协议的各方也可能会受到不利的影响。这个协议其中的一个好处就是可以提供给相应的各方和他们的邻国一个机会，来讨论相应的法律和制度方面的框架，而且可以提供一个互惠的机制。相应的各方都能够坐下来进行相应的讨论和协商，能够加强国际的合作。当然环境污染爆发和设施建设的国家是最终决策制定的过程，但是协议各方也可以共同协商。

加入这样一份协议，也能够提供相应的指南和建议，向政策制定者提供合理的建议。尊重这份协议的相关条款，将会有助于各方重视环境的保护，促进各国政府在环境方面的体系更加的透明，让公众也能加入到讨论中。这份公约早期还会促进项目的设计，包括有一些更好的另类的方案，以便我们可以更好地做出有利于环境的措施。当然，这个公约可以更好地促进决策，可以制定出更有意义和更有信息量的一些决策。

我再跟大家分享一下战略环境评估工具。这个是 2003 年的时候在伊斯坦布尔所采用的，在 2010 年正式生效，《伊斯坦布尔公约》目前有 32 个成员，可以应用在公共的规划和项目当中，包括像国家层面的公共计划和方案。还可以有一些跨境的影响力，对政策和立法都有相当大的作用。这个协议有更多是考虑到一些跟健康和公共参与相关的侧重点，《战略环境评估协议》给我们带来了利益和好处。该协议对于国家来说是有很大的利好，可以更好地促进环境和健康保护，可以防止或者将对经济发展规划产生的负面影响降到最低。而且还可以针对潜在的或者可能出现的风险做到早期预警的效果。该协议也可以更好地解决气候变化的问题，其会考虑一个项目长期对于环境、对于气候的影响。还可以帮助我们更好地去了解当前我们所要采取的适应措施中的一些风险，同时还可以更好地促进我们实现可持续发展的目标和承诺。该协议也可以进一步促进我们的规划和决策，促进或者鼓励创新，节约时间和金钱，还可以改善区域或者跨区域、跨行业的合作。

还有一点，我要跟大家分享的是信息获取的公约。全称叫《在环境问题上获得信息、公众参与决策和诉诸法律的公约》，该公约是 1998 年在丹麦通过的，2001 年时生效，有 41 个签约方，在全球范围都可以取得这样的公约。该公约也是将环境的权利跟人类的权利连接起来，也将政府的责任和环境保护连接起来。并且可以帮助国家更好地实现可持续发展目标，可以更好地促进透明和包容的决策制定。在该公约下我们可以获得相应的信息，我们可以有更大的透明度，同时我们还有更高的参与度和司法公正性。该公约可以帮我们更好地获取信息，比如公共部门应该去收集、编辑，并且不断对环境信息进行更新。然后环境信息也可以进行按需发布，比如一个月发布一次，或者可以针对人类健康和对环境有威胁的案例或事件可以进行及时的信息发布。此外，它还更好地定义了环境信息所覆盖的范围和信息类别，包括书面的、视觉性的、语言性的、电子方面的，我们还可以获得电子版的环保信息的数据，等等。

其中还有一块侧重点是公众参与这方面，要求成员方提供较早的公众参与。还有公众参与主要是涉及一些具体活动的决策和相关的规划、计划、项目、政策和立法。可以有一些信息的分享，提供信息，除了有最高级别的信息分享外，也可以让公众更好地参与到原来只有高层才能享有的信息。首先第一步就是提供早期的、有效的公共参与的信息和活动。第二步就是早期的参与，尤其是在所有的信息或者选择是公开的、可靠的。第三步就是可以获得所有相关的信息。第四步就是可以让公众有机会进行评论，或者他们可以发声。第五步就是决策的时候应该要考虑大众的一些声音，他们的一些想法。第六步就是做错决策以后要立即通知大众。第七步就是如果运行的情况发生了变化，我们就要重新进行考虑、进行更新，必须采取相应的以上的步骤，如果有必要的话要将以上的六个步骤重复一遍。

在该公约下还有一块是获得司法救济的权利，就以下几个事件会进行有效的审核。包括信息的要求，有具体的决定，这是针对公众参与的要求所设定的决定权。另一个是当环境法律出现违约情况的时候，我们是需要获得相应的一些司法救济的。这样的一个公约对于政府和公众来说都是有很多益处的。对于政府来说可以改善他们的决策，同时政府的工具可以更好解决环境方面的担忧。同时还会更好地避免争议或者导致更大成本的产生，还可以改善政府的治理，改善投资的质量以及政策决策的透明度。对于公众来说，也有很多好处，比如可以让人们生活在一个更加清洁、健康的环境当中，可以减少污染。公众也可以在这样的环境当中行使更大的权利，对政府和公众来说都是有很大好处的，并且可以维持一个可持续的社会。

在 2009 年公约之下我们又形成了一个协定，是关于污染物排放的登记协议，这主要涉及两块内容，第一个是公众可以获取到线上的数据库，第二个就是至少有 86 种的污染物相关的排放和转移都是在这个协议当中提到过的。"一带一路"政策其实也给我们带来很多的利益和好处，它与联合国欧洲经济委员会环境这块区域，其实有很多重合的地方，我认为我们是有很多可以合作的领域。这样的一个做法或协议，或者是这样的倡议其实可以给投资者和一些相关的投资接受者带来很多的益处。比如早期我们可以通过这样的工具预防环境和社会方面的风险，同时可以增加公众的参与度，更好地增加每个国家对于这个事件的掌控权，可以有更好的公众的支持和接受程度。对于投资的接收者来说也有很多好处，比如，可以更好地分享经验和知识，也可以增加"一带一路"国家当中合作的信心，促进这个区域的能力建设，等等。

最后，它还会帮助这些国家更好地实现可持续发展的目标，通过这种透明的规划和监控的过程和措施，我们可以打造协同能力，更好地实现可持续发展的目标。

环境信息公开及绿色供应链构建

凯 特*

公众环境研究中心（以下简称"IPE"）主要是侧重于中国的环境产业，我们致力于与其他国家相比做到与众不同，更好地促进"一带一路"国家当中的运用和实践。我今天讲的主要内容，是侧重于 IPE 在中国的经验分享，还有像非政府组织在这当中作出的努力，还会跟大家分享一下 IPE 在中国的经验当中所学习到的经验和内容。

马军在 2006 年时建立 IPE，该机构主要集中在环保方面，侧重的是信息发布和利益方合作，促进环境治理机制同时减少排放，其主要的目的是致力于环境的透明度。我来解释什么是透明度（见图 1），我们知道在环境问题当中，其实有涉及透明度的问题，我们希望更多的相关的公民能够参与到环保的议题当中，也可以让他们更好地参与政府的决策或者环保决策的制定。对于 IPE 来说，透明度是一个非常重要的东西，它可以让股东或者利益攸关者更好地参与到工作当中。这其中有一个杠杆，与透明度也是有相关性的。

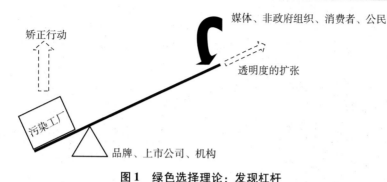

图1 绿色选择理论：发现杠杆

在中国保持政策的透明度有怎样的法律依据呢？首先是要从自下而上进行对地方政府的督察和问责，现在是一个趋势。这是中国政府在最近几年来的举措，中国环保督察会对一些污染排放严重的工厂进行问责。而另外的模型就是在中国的环境信息的披露立法中，可以看到这里有一个里程碑，从立法机构的角度来看，立法机构和信息公开变得越来越透明，在2003年是一个开始，2008年有所突破，2013年进一步扩展，2016年时在新的《中华人民共和国环境保护法》里面增加了一些新的章节，对于信息公开方面有了更加严格的规定了，包括像现在的《中华人民共和国大气污染防治法》《中华人民共和国水污染防治法》都有所健全。很多污染治理的问题其实在中国不单是一个原因造成的，是不是因为缺少技术，会不会是缺少资金，其实，我们只是缺少一个动力来做污染治理的工作。

为了能够解决这些问题，我们IPE成立了一个叫蓝图数据库的数据库，能够来促进信息的披露。这个数据库里面收集了各国政府一些在污染治理方面的信息。从2006年到2016年的数据都记录在册，这些数据可以用作很多的用途进一步推动环保。数据库囊括了很多数据的记载量，记录量非常高，大概达到80万条，对于企业有所监控。因此这些可以在刚才我所提到的数据披露和公开透明的方面是有所帮助的。这样的一个数据库是需要各方面的努力来收集各方相应的环保数据，我们跟很多家非政府组织都有所合作，囊括了很多的地区。比如我们有实时监控各地水资源的数据，并且能够将它们进行汇总，包括 90% 以上的相应的地区数据都是有所记载的。我们还有一个实时数据更新监控叫蓝图软件的手机软件，在这个软件上面可以加强公众对于环保数据的监督。在手机上的这个软件中就可以看到实时的数据，可以看到哪些工厂现在实时污染排放是怎样的，该地区的环境指数是怎样的。现在在社交网络上也有所传播和推广，现在它是全世界第一个同类的软件，当然还是有提高的空间。

我们还有一些项目是在各省份监控它们的数据，从 2008 年开始我们监控了 120 个城市，观察它们的污染指数。我们有一个叫 PITI 的指数对 120 个城市进行数据监控，会监控这 120 个城市的 PITI 的指数，进而看当地推动环保的政策是怎样的。这样的指数出台能够促进各地政府重视环保上的举措，这样的指数能够让我们更加重视环保。最近中央出台了相应的政策，来促进环保数据的信息公开。非政府组织被呼吁应该跟政府一起来促进环境数据公开的体系，你可以看到整个进展速度是很快的。

关于环境数据信息的披露有一些实际的例子想分享一下。首先是再次介绍这样的一个软件，这个软件可以通知你当地在环境方面或者排放方面违法的记录，在微博等社交媒体上面都跟很多的公众账号关联起来，可以让当地的政府或者环保部门进行全面、及时的行动，制止环境污染的排放。在西方其实也有一些非政府组织长久以来都是非常重视数据的监测，有相应的监测平台、有实际的行动来制止污染的排放。另外从 2007 年开始，我们开始使用这些数据监控记录，IPE 和 20 个环保相关的部门一起建立了一个倡议，这个倡议旨在呼吁工厂将他们的供应链变得更绿色、更环保。中国在环保方面其实一直以来都是进展"神速"，这边列了 30 个公司，他们跟 IPE 和非政府组织都有定期的合作，来促进环保，让自己的供应链管理更加的环保，都会付出实际的行动。还有一些独立的审计机构也会对这些相应公司的环境的数据进行监控和监督。

　　世界上将会看到越来越多全球供应商品牌和地区的供应商品牌都能够携起手来共同促进绿色生产。我们对这些品牌还进行了案例的分析。比如像三元集团就是治理了高达 1 000 万吨的废水，让自己工厂的生产更加符合环保的规定，很多企业都开始转变批量生产的方式，想要以更加节能、环保的方式进行生产。可以看到越来越多的品牌已经开始将环境合规考虑到整个供应的标准体系中。我们也跟很多中国企业有合作，包括与万科等地产企业，致力于共同打造一个中国房地产行业的绿色供应链，推进他们地产行业供应链环保化。这是意义重大的，因为跟中国企业合作的话，其实就是跟他们所在的行业合作，而且我们能够出台更加具有实质性的机制，我们可以观察到底怎样的品牌工厂排放量是比较大的、污染量是比较大的。这样的一些举措也可以带动其他的一些工厂重视自己的供应链，重视自己生产过程中的环境污染达到一种平衡。

　　我们还促进一个叫绿色金融的以数据为基础的执行，绿色金融是包括几个点的，包括绿色信贷、绿色债权、股票、保险，等等。我们有出台相应的银行体系，银行系统有出台对于绿色金融的规定。IPE 成为中国金融和银行业的绿色金融委员会的成员之一。在这个数据库里面可以看到很多上市公司的污染源。我们所做的这一切努力是怎样跟我们的"一带一路"绿色丝绸之路的倡议结合在一起的呢？在工业化的过程中其实我们遇到了越来越多的问题和挑战，污染问题是我们很头痛的问题，一直受到世界各地的关注，像越南有很多的工厂排放污染量是很大的，当地政府也要思考怎样才能减少这方面的污染。像绿色供应链已经被写入了"一带一路"的政策，我们在这方面应该有更多的合作。

　　蓝图数据库中有很多的监控都是跟该政策相符的，最近我们在东南亚也在促进当地的环境数据库的透明度。数据的综合性价值是很重要的，首先它是一个从下而上的数据的汇总，同时也是一个从上到下的汇总，因为它将很多重要的品牌和次重要品牌的数据融合在一起，能够提供一个非常综合的数据平台。中国也应该更加重视自下而上的数据收集方式,这样的数据综合能够帮助更多机构来评价自己的收集数据能力。我们也是不断在分享 IPE 的经验,跟"一带一路"的国家和相应的投资公司进行分享。

还有一个例子就是有很多的国际跨国公司也是在加入这样的项目当中,更好地了解在中国的相应的透明度的情况。这个透明度 2.0 是我们 2017 年发布的项目,除了透明度以外,问责制也可以在这上面看到。不仅仅只有中国公司,其他国家的公司也对这块非常感兴趣。这种多方的合作可以帮助我们打造出基于网络的供应链管理系统,我们也是和很多的公司还有非政府组织,还有很多其他的组织之间进行合作。比如说供应商或者生产商可以更好地改进他们的生产流程。

东南亚低碳社区项目介绍

彭 奎[*]

我来自全球环境研究所，该机构是在 2004 年时成立的，致力于现场实地的一些项目。我们现在在东南亚国家当中也有一些项目，在非洲也有项目，在中国西部也有一些项目。

今天跟大家分享的是我们的工作和经验——我们在缅甸的一个项目研究。我们做了很多的项目，我们也在想如何更好地跟大家分享我们的经验，我在演讲当中大多时候会用中文跟大家分享。我的名字叫彭奎，如果在座有一点点印象的话，在 2016 年中国环保部做了一个遥感的监测，对中国 466 个保护区做了遥感监测，监测目的是为了看有没有人类的活动，很遗憾 466 个保护区全部都有人类的活动，大概有 156 000 人之多，所破坏的面积大概有 28 000 平方千米，占总保护区面积大概有 3%。这样国家级的自然保护区按照这样的方法，有这样的影响和破坏其实不仅仅是中国的问题，而是全球国家的问题，这是普遍存在的现象。也就是说我们的保护和发展总是存在着矛盾。

所以如何来用有效的方法去解决这样的保护与发展的矛盾，这是摆在我们所有国家面前的问题，尤其是发展中国家，包括"一带一路"的国家所面

---

* 作者简介：GEI 全球环境研究所。

临的最主要的问题。我们可以想象 2017 年是这样的状况，12 年前、13 年前是什么状况，在发展中国家又是什么样的状况。2005 年时我们来到了南美洲的秘鲁，想学习一种方法，即如何能够平衡保护与发展的矛盾。很多发展中国家保护区周边都有很多人存在，这些人是要发展的，社会是要进步的。我们就来到了南美洲，我们学到了一种方法，是 2001 年全世界开始推行的方法，这是平衡保护与发展的方式。在这个过程当中我们了解到，之所以出现了保护与发展的矛盾与失败，最大的问题在于我们对于资源所有者和利用者之间产生了剧烈的矛盾。我们没有平衡资源的利用和资源的拥有。在这种情况下我们需要找出一种方法平衡利益，我们就找出了一种协议保护的方式，在学习他们运营这种模式。在中国和大部分的发展中国家因为社区的存在，从 2005 年到中国的时候我们开始实践这样的一种事叫社区协议保护（CCCA）。实际上这个保护非常简单，从现在的想法来说，不但是一个固定的模式，而且是一种模型。这个模型在于我们如何让当地的人能够参与保护，而且是可能作为一个保护的主体，而不是政府包揽了所有保护的行为。我们需要这些社区的人有意愿去保护，有这个能力去保护。其次我们要赋能给这些社区，让社区的人可以参与保护。最后我们希望社区的人在保护过程中需要获益，这样的话我们需要让当地的人能够可持续地利用他们的资源获得发展的机会。所以这是一个公平的发展方式，在这个目的之下，我们在中国实践了共 13 年的时间，我们一直在实践这个模式，在中国的四川、宁夏、内蒙古和青海的三江源，目前我们也仍在做。我们进行了 12 年的实践，从 2016 年开始我们已经有西部的 8 个省份运行，国家林业局用 24 个县推广这样保护和发展的模式。

我们（全球环境研究所）现在运行的大概有 150 000 万公顷的社区保护地，我们大概有 65 000 人从这当中获得收益，大概有超过 100 万的农民在这里获得了间接发展的收益。在这些数据的背后我们向中央、青海省政府提出了我们的政策建议，如果大家有兴趣还在关注现在最热门的国家公园建设的话，可以看到协议保护已经写入了国家公园协议之一。在这样的故事下，2016 年有一件特别有意思的事情，我们国家启动了南南气候变化的活动，昨天有一个专家说我们要行动，我们现在就是希望怎么样把大家好的行动下去，所以 2016 年在南南气候项目当中，我们国家由我们做当地的调研，让缅甸的政府向中国提出需求，第一批捐赠了 2 000 万元的物资，包括了 10 000 台的清洁炉灶和 5 000 台的照明设备，用这种方式减少缅甸当地对树木的砍伐。我们跟缅甸的森林环保部做了这样的建议，让他们向中国提出他们的要求，我们就跟随这个过程，让发改委跟着这个过程下去。2017 年 3 月 11 日我们在缅甸做了一个活动，谢代表专门来到了这个现场，这是中国第一个把南南气候援助项目落到地上的项目，也是第一个国家得到了这样的项目。

如果中国仅仅提供捐赠是不够的，按照我们的惯例，一旦我们的援助物资走到当地国以后我们是没有权利再做另外的事情，哪怕是放在那儿烂掉也是可以的，因为我们没有权利。但是这对于新时代的援助是不合适的，而且我们走到了"一带一路"的阶段，在这个过程当中我们建议把我们社区协议保护的模式复制到这样的模式当中，所以我们帮助当地政府发放援助物资，在援助物资的发放过去中我们启动社区保护。在这个过程当中：第一，我们希望能够用援助的项目把社区保护与发展的模式接入到这些社区当中。第二，我们在这个过程当中跟当地的社区和当地的政府机构来共同分享我们的经验，甚至是一些教训，目的是推动当地人的保护和发展的能力。在这个过程当中实际上我们关注了三点：第一是我们需要对当地作出保护的目标。第二是社区能不能找出自身可持续发展的方向支撑这样的保护。第三是我们希望通过这样的援助物资和我们的项目结合解决气候公平的问题。在这个当中我们进行尝试，在这个过程当中，我们做了一点点工作，到现在为止进行了一半。

第一，我们是想把这样的一些模式根据当地的情况做本土化实践，这就是本土化的过程，需要符合当地的情况。第二，我们在缅甸的四个省份和在周边选择社区做这样的工作，保护生态保护地。现在在四个省份大概有 16 个社区进行这样项目的合作，再推动落地，这是我们做的一项很大的工作，就是和四个省份的实践工作，这是我们分布的四个点。实际上我们还有一个路径是建设当地的非政府组织（NGO）的能力，我们跟四个非政府组织合作，由他们进行落地，我们对他们进行能力培训和过程的规划，包括保护的规划和发展的规划。这个过程当中也跟缅甸的森林环保部合作，这样一个过程是希望把它转变成一种政策。

我们简单回顾一下四个非政府组织在四个省份做的基础工作，在社区发展行动领域大概有四个社区，专门划定了保护地，这里的保护资源比较丰富，甚至有老虎，也有红木。我们在该地签订了协议，划定了保护边界，接着我们也做了社区的发展，有养殖方面的发展计划，现在他们也在进行养殖计划。我们在这里会给社区召开很多培训的会议和能力建设的会议和交流活动，制订一些合理的计划，甚至签订相互合作的合同。这是我们跟社区的合作过程，有的种咖啡，有的种竹子，非常有意思。这个计划能够实实在在实现我们的保护和发展的目标。

缅甸林业协会是在海边，这个红树林也是需要极大的保护，我们限定了保护的区域，在红树林下做生态的螃蟹养殖，可以让当地的社区和政府制订这个计划，这也是我们立了牌子的保护地，不能再破坏这样的保护地。我们可以看看这小小的螃蟹，吃起来特别香，没有任何认证，但是真的非常好吃，有机会大家也可以去看看这样的社区，他们很高兴做这样的事情。

还有一个项目是在缅甸的中部，是一个非常重要的保护区的边上，并且是世界自然遗产，在这里进行社区的发展。这是我们的太阳能捐赠项目，所有的设备都在我们的监督下放到牧区，让农民安装起来。中国除了需要经济的投入和基础设施以外，我们还需要同更多的机构合作。我们试图用这样的方式做社区保护，来帮助中国的居民和其他国家的居民。同时，我们希望提升社区居民应对气候变化的能力。并且我们能够在这个过程当中促进绿色投资。在所有的捐赠以及后续的商业生产的过程中，可以以生产产品的方式介绍中国的投资者用绿色的方式做投资。实际上在这方面中国并不是 2016 年一下子开始的，而是 2006 年的时候我们已经在老挝建立了办公室，帮助他们修沼气，那时候已经打下了基础。2007 年的时候我们去了斯里兰卡，用沼气的方法帮助他们做这个事情。2017 年的时候我们又重新回到老挝、斯里兰卡继续做这样的工作。

2015 年时我们走到了非洲，在非洲主要是水电和开发的企业，然后一起把这个链条做下去，我们的第一步在缅甸是实实在在做了 16 个社区，这是我们的第一个时期，第二个时期我们希望在缅甸进行扩大。第三个时期我们正在试图建立一个社区协议保护机制，我们希望在东南亚建立起来，希望和大家进行交流，把这个项目落实下去。我们希望有更多的国家，有更多的非政府组织跟我们一起"走出去"。

"一带一路"沿线国家环境竞争力分析

李军军[*]

我代表福建师范大学课题组报告全球环境经济和竞争力的内容。我们主要关注"一带一路"沿线国家环境竞争力的情况。今天我主要讲以下几个方面的内容。

第一，全球环境竞争力研究背景，2012 年 6 月"里约 + 20"会议通过了《我们憧憬的未来》，批复"可持续发展和根除贫困预计的下绿色经济"专章，强调绿色经济对传统以效率为导向的经济模式的重要变革，已引起了世界各国的高度关注。对世界各国而言，如何推动环境竞争力可持续增长，可以说保护环境是各个国家发展经济的时候重要考虑的问题，环境已经成为经济竞争的核心要素之一。环境竞争力也成为我们研究的关注重点。特别是在联合国规划署的帮助下我们建立了全球环境竞争力评价指标体系，并于 2013 年 3 月和 11 月分别在福州和日内瓦召开了两次指标体系的研讨会议，所以，在这里我想再次感谢联合国环境署的帮助，以及各位专家对我们的指导。

第二，我想介绍一下全球环境竞争力的内涵以及我们对环境竞争力的认

* 作者简介：福建师范大学竞争力研究中心副主任。

识。环境和经济之间的关系如图1所示，我们做出了这个曲线，我们认为污染排放下降意味着环境质量的改善，所以右边这张图衡量的是环境质量跟我们经济发展人均GDP之间的关系。他们认为发展中国家目前处于低收入水平，经济增长过程当中，可能会出现环境质量下降和污染排放增加的问题。在国际经济合作过程当中，传统的竞争模式大概有这么一些特点，就是由发达国家向发展中国家转移产业，产业特点是资源密集型、劳动密集型和污染密集型产业。这个转移过程当中，发达国家获得了经济增长和环境的改善，也就是我们看到的右边的这一部分发达国家变化的路径。左边这一部分发达国家为了获得资本和技术，争相放低了环境控制标准。虽然实现了经济增长，但是出现了资源的耗减和环境的破坏。我们希望在将来的经济合作过程当中，更多地注重环境保护的模式。新的合作模式当中，发达国家向发展中国家转移已经变成资本密集型、技术密集型和绿色产业。国家与国家之间要实现共享技术、信息和人才，更多是合作发展绿色产业、绿色金融和绿色贸易。

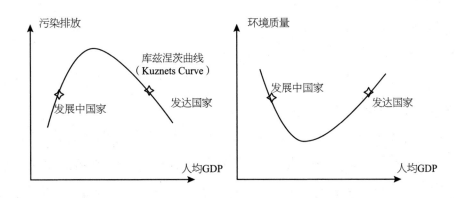

环境与经济发展的关系

图1 全球环境竞争力内涵

在这个模式当中，发达国家和发展中国家都实现了经济增长和环境改善，特别是在发展中国家变化模型图当中，已经不需要实现环境质量的下降，而是实现环境质量的保护维持和提升。在这种情况下仍然可以持续经济增长，我们基于这种模式下，认为环境竞争力衡量的就是改善环境和经济发展关系的曲线的一种能力。或者说加快进入环境经济双赢阶段这样的速度。我们提倡"绿色丝绸之路"，加强各个国家之间的绿色合作，要深化贯彻绿色发展理念，构建我们新型的绿色竞争与合作模式。

所以我们认为环境竞争力不仅是一个环境问题，它也涉及经济、社会、环境等方面复杂的综合系统。我们将其简单地定义为，一个国家或者区域在全球范围内，环境对经济社会发展所体现出来的承载力、执行力、影响力和贡献力。主要的影响因素在于质量环境、人口规模、区域位置。实现其竞争力提升的手段要把市场机制和政府的调控要相互结合起来。全球环境竞争力有必要引起大家的重视，是因为首先它攸关人类生存与发展的重大现实问题，也是人类应对气候变化的必然要求。我们现在都关注各个国家的竞争力问题，环境问题也是国家综合竞争力的重要组成部分，也是人类实现可持续发展的现实选择。

第三，我想给大家介绍全球环境竞争力指标体系及评价方法。我们建立这样一个指标体系，有我们很多依据和原则。除了我们普通的构建指标体系原则以外，更多考虑系统性、层次性、完备性、独立性、普遍性、可比性。这些指标体系还要形成指标的科学性和操作性的内容，动态性和稳定性相结合，前瞻性和导向性相结合。最终的指标体系我们经过不断的完善，形成了一个一级指标，就是全球环境竞争力，五个二级指标，包括资源环境竞争力、生态环境竞争力、环境成长竞争力、环境协调竞争力、环境调控竞争力。由于时间关系，我们就不在这边给大家详细介绍指标体系。

这个指标体系的权重我们是经过多位专家的参与调查而确认的。该报告的数据依据是 2014 年，因为牵涉到国际数据滞后的问题，数据的来源主要是联合国世界银行的一些国际机构，当然有一些国家的指标和数据缺失，我们会从各个国家的统计年鉴和政府的官方网站采集，我们保证数据的可比性。我们2015年提交的报告是对全球133个国家的环境竞争力进行评价、分析和研究。这些国家分布在全球各个大洲。当然还有很多国家没有纳入评价，原因主要是由于数据的缺失，这些国家在环境信息方面，一方面缺乏必要的统计；另一方面可能没有做相应的披露，我们外界很难了解他们的具体情况。针对"一带一路"沿线国家当中，有56个国家符合我们这个评价的要求，另外9个国家因为数据缺失过多，没有纳入评价。56个国家占全部133个评价国家的42%，代表性比较大。我们评价的方法是我们做了量化处理，进行线性加权，根据得分我们对它进行简单的排名。

接下来介绍一下评价的结果，在133个国家当中，排在前20名的国家，这里有一个简单的表格列出来了，这20个国家中有经济发达国家，也有经济不太发达的国家。有经济规模比较大的国家，也有经济规模比较小的国家，有人口规模比较大的国家，也有人口规模比较少的国家。我们认为环境竞争力的因素是综合的，不是某一个方面的指标来决定。这20个当中没有我们的"一带一路"沿线国家。我们也测算了全球各个大洲这些国家他们环境竞争力得分的平均值，总体来看是大洋洲比较优先，然后是南美洲、北美洲，接下来是欧洲、亚洲和非洲。特别是非洲和其他国家得分的差距比较明显。这里重点介绍一下"一带一路"国家他们环境竞争力的表现。我把他们表现比较好的10个国家排名，这10个国家在133个国家当中的位置在左边列出来了，最好的排在第21位。表现不太好的10个国家在右边列出来，接近最后面，其他都是属于中间位置。我们也对它做了统计分析，在"一带一路"的56个国家当中，大多数是属于亚洲和欧洲国家，他们环境竞争力排位相对靠后一点。我这边做了区间的同每一个阶段里面都有多少个国家，大家可以看到从21位以后，"一带一路"国家统计的情况基本上各个区段分类是比较均衡的，各个阶段都有分工。

从5个二级指标的得分来看，我们也做了一个统计比较，"一带一路"国家的 5 个二级指标的得分，都是在第一行，这些指标的得分跟全球 133 个国家各个指标的得分比较来看，总体来说都比较滞后，相对差一点，只有环境协调竞争力这块，考虑到人口与环境的协调、经济与环境的协调，相对会好一点，这说的是平均情况。具体到不同区域的国家还有表现比较好的，比如东盟国家平均竞争力得分是高于全球得分。中东欧的平均得分也是高于平均值，其他地区的国家得分相对会比较低。

根据我们研究结果的分析，大概有这些特点，环境竞争力是经济、社会、质量、环境的综合作用的产物，充分体现各国可持续发展的能力和水平。从二级指标来看，各个二级指标得分比较高的大部分是属于发达国家，部分发展中国家短板现象会比较严重，某一些指标得分非常低造成了很不均衡的情况。

从各个国家来看，发达国家环境竞争力水平是远远高于发展中国家，新兴市场国家的环境竞争力还有待进一步提高。我们做了一些得分的比较，从得分比较来看，发达国家也是远远领先于发展中国家或新兴市场国家。

第四，我们对区域的分布做了研究，环境竞争力区间的差异不是特别大，得分是比较接近的。刚才我们有介绍得分排名靠前的主要是大洋洲、拉美、北美地区。但是各个国家之间的排位差异还是比较明显的。

第五，我们发现全球能源生产和消耗的总量以及二氧化碳的排放量有比较明显的上升，特别是发展中国家上升较快。这一点相比较中国、印度等国家能源消耗的总量都上升比较明显，但是从占比特别是霉菌的数量来看发达国家水平比较高，能源消耗比重还是比较大的，给全球环境造成比较大的影响。

第六，我们发现的特征是全球各国对自然资源的利用有进一步扩大的趋势，但是总的来说可喜的一面是全球各国越来越重视对生态环境的保护，其中发达国家的表现尤为明显。一个是森林的表现，覆盖率有所下降，而发展中国家的覆盖率是远远低于发达国家，而处于下降水平。水资源也是在人均可再生的资源中下降了，耕地面积占国土面积的比重有所上升，特别是发展中国家的上升幅度会大一点，可能是由于发展中国家为了更多的粮食有一些森林和草地被开发出来做耕地。生态环境保护方面，各个国家对这方面的投入有所增加，保护区的面积比重是有上升的。

第七，介绍全球环境竞争力的深化研究和应用。这部分是我们的一些考虑，我们认为要完善环境指标的统计体系，比如绿色GDP的核算，也就是我们当前的自然资源资产的核算要更加完善，更加具有可操作性，更多体现自然资源和环境的价值。提高我们资源、能源的利用率，促进资源的节约使用。

首先，我们希望能够进一步加强对全球环境竞争力指标体系的研究。因为我们对这个指标体系目前60个指标，与其他相关的评价而言我们的指标会比较多，使我们这个指标体系深化研究以后能够更好反映环境竞争力的内容和目标，这也是一个不断充实和完善的过程。

其次，我们希望能够更多地宣传和推广环境竞争力，使各个国家认识到自己的优势和劣势，特别涉及一些具体的指标方面，要发挥自己的比较优势，同时也要弥补环境的短板。有一些典型资源丰富的过程不能过多依赖资源能源产业，而应该更多强化它的技术创新，提高资源的效应，扩大产业体系。这样的话全面提升环境竞争力，尽快实现经济环境的发展双赢的阶段。

发表环境竞争力的引导作用，以环境竞争力的优化和区域高水平目标，作为经贸合作的环境依据，比如"一带一路"的经贸合作当中，我们对外引进的资本和投资以及交通、贸易，等等，都是以不能够破坏和降低环境质量为前提的。有些国家可以依据我这个区域的环境的质量标准或者更高的标准为依据，作为国际经贸关系的一个标准。

最后，在"一带一路"倡议下，更多地宣传绿色竞争与绿色的合作，必须强调经济贸易的发展必须与保持和改善环境为前提。我今天的报告就是这些，谢谢大家！欢迎大家提更多的意见，谢谢。

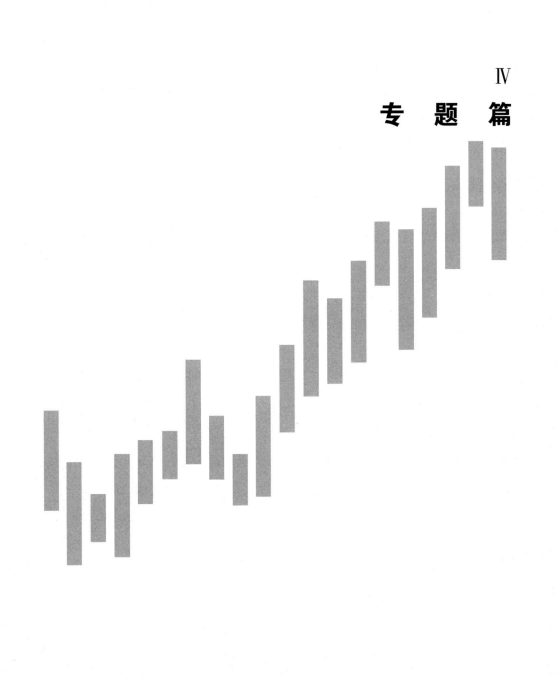

Ⅳ
专　题　篇

绿色产品国际标准介绍及自愿性认证进展

安娜·帕特丽夏·巴塔拉[*]

我目前在世贸组织国际贸易中心工作，国际贸易中心是世贸组织和联合国下属的联合代理机构，主要目标是通过贸易和国际商业发展促进包容性和可持续性增长。主要的工作第一是通过一些公共产品为市场贸易和分析提供一些智力支持。第二是加强贸易与投资机构的发展。第三就是将中小企业跟国际价值链接轨。第四就是提高各个公司对包容性与绿色贸易的一些理解。最后就是加强区域间的经济融合。目前可持续发展面临主要的问题：第一是想提高各个商业公司对于可持续贸易与可持续发展的理解，可以更好帮助他们进入市场。第二就是现有的一些自愿性标准不再适用，同时各个公司之间跟国际合作之间互信度不够，没有比较集中标准化信息库给他们了解这方面的信息。

我们有一个类似可持续发展的地图，我们这个地图主要是分成好几个部分构成的，用于帮助中小机构去接触自愿性可持续标准的一些信息，让他们

---

* 作者简介：ITC 世贸组织国际贸易中心可持续发展贸易项目顾问。

更好地去了解到这些信息，并且适应市场准入的要求，从而能够更好地实现可持续发展。同时还包含了 9 个大宗的商品，列出了区域相关信息或者说生产规模信息，以及生产信息。下面就是可持续性网络，这个可持续网络相当于一个平台，可以让一些零售商或者商家可以接触到全球买家的信息，并且可以将自己一些可持续发展的文件或者说生产中的各个信息放在网上。从而可以把零售商和买家更好联系起来。同时我们这边也建立了一些非常多的机构和战略，其中包括由 80 多个合作方共同组成的零售商，他们可以利用这个平台很好地为这些用户服务，同时也让这些零售商更好地适应可持续发展的要求，还可以吸引很多的零售商或者生产者加入这个平台，同时将这些信息或者说他们的评估信息全部共享出去。因此，无论从人力资本上或者时间上都可以很大程度减轻他们的负担。最后一个部分就是可持续发展贸易项目，为"一带一路"倡议所做出的一些贡献，最重要的就是去实行这些自愿性可持续标准，只要很好地将标准执行下去，我们在绿色产品、绿色生产这方面就可以很好地实行下去。

"一带一路"与中国自贸试验区
融合发展战略

福建师范大学福建自贸区综合研究院课题组*

一、"一带一路"与中国自贸试验区融合发展的战略价值

"一带一路"倡议和自贸试验区扩容是中国包容共赢、开放发展理念的内外支架。把"一带一路"倡议和中国自贸试验区战略有机对接，将从内外两方面疏通中国国内市场与"一带一路"沿线国家和地区市场融合的堵点，进一步彰显中国对外开放的决心和合作共赢的理念，增强中国与"一带一路"沿线国家结成命运共同体的向心力，有着巨大的战略价值。

（一）彰显使命：进一步突出中国自贸试验区战略目标

中国自贸试验区作为扩大开放和深化改革的创新试验田，其中一个重要出发点是通过自贸试验区的建设进一步推进国内外市场对接，进而加强中国与国际各区域间经济合作，推动各区域经济的融合发展。因此，"一带一路"与自贸试验区的融合发展本身就是自贸试验区建设的重要战略取向。

1. 进一步推动政府职能市场化改革，对接国际营商环境

转变政府职能，建立与国际投资贸易管理规则相适应的新体制，完善

---

* 作者简介：本章由黄茂兴、余兴、王珍珍、戴双兴、邹文杰、俞姗参与完成。

"负面清单"管理模式，是营造国际化、市场化、法治化营商环境的必然要求。通过"一带一路"与自贸试验区融合发展，建立协同治理模式，能够进一步推动政府职能市场化改革，进而打造政府、市场和社会"三元"互动，实现政府管理现代化进程。首先，有利于推动政府内外联动，实现政府职能市场化运作。一方面，理顺政府、企业和社会之间的关系，充分发挥市场在资源配置的核心作用机制，放松管制，推进政府公共服务的市场化。另一方面，政府部门内部管理引入市场机制，形成竞争效应，从而提高整体管理水平。其次，有助于推动政府行政管理智能化改革，建立全息化政府管理模式。一方面，随着大数据时代的来临，信息化的管理模式不但创新了经济发展模式，也积极推动了政府的市场化改革。通过数据资源为社会提供信息化服务来支撑社会治理，再加上互联网及云计算等高新技术的综合运用，为政府日常业务的开展提供强大的智力支撑，从而保证政府部门运行的有效性和提升政府的办公效率。另一方面，融合现代科技手段也为政府的公开透明提供了条件。最后，有助于打造政府、市场和社会的"三元"互动，共同推进政府改革现代化进程。一是通过市场化改革，建立运转高效的市场。二是建立有限的法治政府，由"管理型"政府转型为"服务型"政府。

2. 进一步完善中国区域资源共享机制，推动市场一体化建设

建设中国自由贸易试验区的本质要求，是最终在各区域之间建立一个开放、统一的市场体系，并通过这个市场体系实现货物、服务及金融服务的自由流通，促进区域间经济合作，进而提升该区域的经济竞争力。推进"一带一路"和自贸试验区融合发展，可充分发挥市场机制的作用，推动市场一体化建设，进而实现各区域间资本、人力及技术等各要素的自由流动。首先，融合发展有助于进一步优化资源配置结构。一方面，通过融合相关资源，强调开放资源共享的市场化配置，提升资源配置效率，最大限度地发挥自贸区创新体系的核心功能。另一方面，推动产业融合，可进一步促进资产配置的通用性。产业之间的融合发展，有助于突破原先存在的资源流动障碍，也有助于拓展相关资产的可利用程度及范围，提升资源配置的有效性，从而弱化了资产的专用性，加强资产的通用性和产业的范围经济。其次，推动区域融合发展，有助于塑造一体化的市场准入环境，推进各产品认证标准、质量标准和检验检测体系的互认，促进商品的自由流通。产业融合能够通过建立产业、企业组织之间新的渠道而改变竞争方式及范围，形成更大规模的竞争，逐步消除各个自贸区域之间狭隘市场的限制，突破各区域的体制障碍，打造统一、完善、共同化的市场化体系，最终形成区域统一市场。最后，有助于推动资源整合共享的协同创新和市场化运作。一方面，在政府主导下，提高整个区域资源的整合共享效率，提升区域资源整合共享的层次，营造开放的创新资源共享空间，形成合作共赢、利益共享及共同发展的协作机制。另一方面，建立健全资源整合共享的市场导向机制，探索建立市场化运作的共享模式，通过建立相关的合作政策及机制，提高资源整合共享创新绩效。

3. 有助于发挥自贸试验区经济带动效应，提升对外开放层次和水平

"一带一路"与自贸试验区融合发展，有助于扩散其经济带动效应，进一步完善市场经济制度和市场的主导性作用，促进各区域错位发展、融合发展，使得不同区域优势互补、合作共赢，进而提升对外开放水平。首先，融合区域间要素及先进经验，有助于优化产业结构，提升出口产品竞争力。一方面，充分发挥融合效应，可为中国和"一带一路"沿线国家交流先进技术和产业升级创造条件，谋取在新一轮的国际分工或产业链重组中占据有利位置；另一方面，可充分借助自贸试验区的投资保护及促进等相关条款作用，融合周边国家的资源特点、规划产业布局，发挥优势互补及分工合作，进行资源优化整合和区域联动，从而不断突破对外贸易产品的层次水平，带动对外贸易向高层次发展。其次，通过建立政策协同机制，有助于统筹规划自贸试验区战略，充分发挥区域对外发展政策的战略引领作用。一方面，通过政策协调，有利于各地区之间明确自身的优势，而后依托自身的资源优势来完善开放型经济体系，进而提高开放型经济的水平和对外开放的质量。另一方面，通过统筹各

区域的发展政策和战略，也有助于各自由贸易试验区加强协调，积极承接由第三次产业转移所带来的国际资本和产业转移，提升"走出去"战略水平。

（二）践行理念：深度阐释"包容共赢"的开放发展理念

推动"一带一路"与自贸试验区实现战略对接和融合发展，将有利于构建对外开放与合作发展的新平台，统筹推进"一带一路"与自由贸易区网络建设，加强不同文化、不同平台、不同时空之间的对话，促进区域内和区域间生产要素的更高效配置，推动国内外市场的更深度融合，形成面向全球的开放包容、互利共赢、普惠共享的良好格局。

1. 践行开放包容理念，推动区域经济一体化进程

开放和包容将是"一带一路"倡议和自贸试验区实现可持续发展的重要动力。二者融合发展可进一步践行自贸试验区开放包容理念，使得"一带一路"倡议发展拥有了一个坚实的历史新起点和战略新支点，支撑并服务"一带一路"倡议。首先，积极探索金融开放，持续推动金融改革创新。随着"一带一路"倡议和自贸试验区融合发展，继续加快推进中国资本项目可兑换、金融服务业开放、跨境金融服务体系（尤其人民币全球服务体系）、跨境金融产品创新、跨境投融资平台建设等相关金融开放和金融制度创新的进程，将自贸试验区金融开放和金融制度创新的经验传播推广至"一带一路"沿线国家，以加强"一带一路"沿线各国之间的金融合作，加快建立"一带一路"沿线国家的常态化金融合作机制，实现多元国际共建和多渠道融资体系，为"一带一路"倡议和自贸试验区建设良好的国际化金融环境提供重要的保障。其次，扩大文化开放，共同打造和平文明伙伴关系。实施"一带一路"倡议，要推进文化开放和文化先行，可以发挥事半功倍的融汇引领作用。不断深化"一带一路"沿线国家人文交流合作，形成文化聚势和文化融合，助力打造共同的经济圈，培育共同价值理念，发挥中国"海纳百川"包容优势，吸纳"一带一路"沿线国家的人才、资本、资源等生产要素会聚，共建和平文明伙伴关系，缔造一种全新的和平、发展、共赢的国际新秩序，持续推动区域经济一体化进程。最后，提升贸易开放度，加快促进区域稳定与繁荣。一方面，"一带一路"和自贸试验区通过转变投资贸易发展方式，不断提升贸易开放度，鼓励企业"走出去"，加强对"一带一路"沿线国家和自由贸易区网络的投资，促进区域经济发展和经济繁荣；另一方面，"一带一路"和自贸试验区通过减少政府对经济的干预，以国际通行的"负面清单"等创新管理模式推动生产要素实现自由流动，加快形成统一开放和竞争有序的市场体系，从而不断提高贸易市场效率。

2. 践行互利共赢理念，发挥战略集群效益

践行互利共赢理念是中国顺应经济全球化趋势，在全面总结中国改革开放近40年经验的基础上，为进一步落实中国对外开放的决断和行动，向世界阐述和平发展道路的重要决心。首先，构建互利共赢的能源合作新模式，助力国际能源战略格局加速盘整。随着"一带一路"与自由贸易试验区的融合发展，"一带一路"沿线国家和自由贸易区网络可充分凭借能源合作机制建设，加快构建互利共赢能源合作新模式，积极打造国际能源战略协作平台和能源安全合作框架，努力形成双赢、共赢的国际能源战略的新秩序，以及互联、互通的国际能源合作新格局，有利于在亚洲地区甚至全球地区形成能源产业链、价值链、供应链的优化布局和运输格局，进一步助力国际能源战略格局加速盘整。其次，打造互利共赢的命运共同体，坚持和谐包容形成发展合力。"一带一路"沿线国家和自由贸易试验区的融合发展，将继续秉承中国互联互通、和谐包容、共同发展的精神理念，携手打造更为紧密的互利共赢命运共同体。应充分发挥"一带一路"沿线国家和地区的地缘优势、资源优势、人文优势等，加快实现多元共生、精神共建、包容共进，共同造福于"一带一路"沿线国家人民，甚至积累建设经验惠及全球。最后，增进互利共赢的融合联动发展，合力打造全球增长共赢链。一方面，伴随着新一轮的互联网技术和信息通信技术的发展，"一带一路"与自贸试验区可以进一步深化在智能产业、数字产业、科技产业等新兴产业的区域融合联动发展；另一方面,"一带一路"与自贸试验区融合发展将进一步推动与落实贸易协同战略,发挥"一带一路"沿线国家与自由贸易区网络的合作潜力与市场潜力,带动"一带一路"沿线国家与自由贸易区网络工业化水平与产业优化升级的提升,并实现经济全球化的再平衡,增加新兴国家在新一轮经济全球化中的话语权。

3. 践行普惠共享理念,开启经济合作新进程

践行普惠共享理念,开辟互学互鉴、共建共享合作新道路,是中国对未来世界经济发展提供了一种"新的可能"。"一带一路"与自贸试验区融合发展,有助于形成全方位合作新格局,将促进全球发展成果共享,从而建立更加均衡普惠的治理模式,为实现全球可持续发展贡献力量。就目前来看,"一带一路"与自贸试验区的融合发展,已经取得了阶段性的成果,成效显著。首先,消除贸易壁垒,开展多维度合作方式。"一带一路"与自贸试验区融合发展的过程中,可持续推进贸易和投资自由化,妥善消除贸易壁垒,并在着眼于长远利益的基础上,达成合作共识。融合发展以多维度共赢为抓手,强调充分发挥政府、企业、国际贸易组织、国际金融机构等各方力量,统筹国内和国外两个空间合作格局,将成为当下引领全球新经济增长模式的典范。其次,共享制度创新红利,创新经济合作新模式。"一带一路"与自贸试验区的融合发展自身就寄托着开放、包容和普惠的期望价值。通过"一带一路"与自由贸易试验区战略无缝对接,创造更妥帖的制度安排及政策环境,共享战略对接红利和制度创新红利,为"一带一路"与自由贸易区网络积极探索经济合作的新途径、新机制和新模式奠定坚实的基础。

(三)拓展战略:有效推动"一带一路"战略纵深

"一带一路"和自贸试验区作为中国"新常态"背景下的两大战略举措,一个专注于推进外部合作共赢,一个则着力于内部的扩大开放,二者的融合发展可有效推进国内外尤其是中国与"一带一路"沿线国家市场的对接,融合发展的实质红利与美好愿景可极大提升"一带一路"沿线国家的良好预期与合作信心，有效提升中国与相关国家合作的效率，推动自贸试验区与"一带一路"倡议的良性互动，并借此推进国际经贸格局的合理化改变。

1. 有利于展现中国平等互利发展理念，坚定"一带一路"沿线国家开放发展信心

"一带一路"和自贸试验区的融合发展，从外部的合作发展到内部的扩大开放两方面密切配合，可以很好地展示中国希望带动相关国家共同发展的真心与诚意，有利于坚定"一带一路"沿线国家开放合作的信心。首先，外部推进合作、内部扩大开放，充分展示了中国开放合作追求共赢的诚意与决心。从时间和空间的规划上，"一带一路"与自贸试验区是依次推进、互相配合的，由此可见中国将国内市场逐步、充分融入"一带一路"大市场的决心与行动，体现中国开放国内市场、推动"一带一路"国家间市场的高度对接，达成互利共赢的诚意，消除对中国推进"一带一路"倡议的疑虑和抵制。其次，营造和平共处、包容共赢的和谐氛围，提升"一带一路"沿线国家合作的预期和信心。一方面，融合发展可进一步彰显中国和平共赢、包容发展的一贯原则和共建发展共同体、利益共同体和责任共同体的强烈意愿。另一方面，融合发展可更好促进"一带一路"与沿线各国自贸区的战略对接，提升各国对推动本国经济社会发展的预期。最后，"一带一路"倡议以实际行动抵制"逆全球化"行为，塑造负责任的大国形象。中国已成为世界第二大经济体，巨大的经济体量配合着有效的改革开放举措，可在一定区域内产生强大的磁吸效应，通过"一带一路"和自贸试验区的融合发展，并依托"一带一路"沿线各国凝聚起来的合力，打通亚欧合作发展的经济大通道，为全球经济注入新的强大驱动力。

2. 有利于推动"一带一路"与中国自贸试验区良性互动，提升中国与沿线各国合作发展效率

进一步提升"一带一路"沿线整体的合作效率与合作水平，对于世界经济的发展意义重大。"一带一路"与自贸试验区的融合发展无疑是一个有效的途径。首先，"一带一路"倡议为自贸试验区与区域乃至国际市场的对接提供了便捷途径，极大提升中国自贸试验区的建设效率。"一带一路"为中国企业"走出去"搭建起了宽敞的外部通道，同时中国的自贸试验区也便利于"一带一路"国家企业逐步进入和熟悉中国市场。其次，自贸试验区则为"一带一路"国家间的合作提供"试验田"。随着中国自贸试验区建设的不断推进，目前已经形成了"1+3+7"的"东—中—西"的全方位对外开放"试验田"格局。借助自贸试验区优惠的政策和灵活的创新机制，"一带一路"沿线国之间可实现多领域的交流与合作，摸索与创新合作的模式与方法，提升合作的水平。同时，自贸试验区的创新成果可快速应用到"一带一路"沿线各国的合作中。最后，二者融合发展可推进理念与实践的交融，提升合作效率。"一带一路"并非实体或机制，而自贸试验区则是国境内的区域实体，在一定程度上也可作为与"一带一路"对接的实体平台，做到一虚一实，虚实结合。"虚"展示的是一种和平、合作、包容、共赢的先进理念，"实"则立足于中国自身，为这种先进理念提供很好的实践与配合的机制与空间。

3. 有利于促成亚欧和谐发展局面，引领国际经贸格局的合理化变革

"一带一路"和自贸试验区的融合有希望成为凝聚变革力量，引领国际经贸格局合理化变革的重要着力点。首先，融合发展有望接通中、欧两个经济活力源，激发中、欧中间地带经济潜力，形成世界经济发展和经贸格局重建的力量中心。欧洲是传统的经济发达地区，亚太地区则是新兴的经济繁荣地带，二者位于"一带一路"的两端。"丝绸之路经济带"打通欧洲发达市场与亚太繁荣市场的通道，将有力促进区域内基础设施的完善、贸易投资的自由化和便利化、供应链和价值链的深度融合，从根本上改变区域贸易状况，激发沿线区域经济潜力。"21世纪海上丝绸之路"同样可为沿线后发国家激活本国经济活力，融入由发达市场与繁荣市场对接的历史机遇中。借助"一带一路"倡议，沿线国家不仅将打通海陆通道，同时还将深度融入世界经贸合作体系,进而促进中国中西部地区及泛中亚经济圈的发展,拉平"丝绸之路经济带"的凹陷区域,形成区域的新兴增长极。其次,融合发展有助于推动形成一个具有强大辐射力的自由贸易区群,引领新时期全球经济格局和经贸规则的变革。通过自贸试验区与"一带一路"的内联外通,能有效推动中国与"一带一路"国家合作的紧密程度,并引领全球经贸格局的变革。一方面,"一带一路"和自贸试验区融合发展将有力推动中欧经贸升级,书写国际经贸新篇章。中欧之间经贸关系的稳定发展对全球经济结构的影响无疑是巨大的,也必将成为新的世界经济格局的主导力量之一;另一方面,"一带一路"和自贸试验区的融合发展,有助于促成沿"一带一路"分布的庞大自由贸易区群,成为国际经贸格局中强大的一极,开启国际经贸格局重构的进程。

二、"一带一路"沿线国家自贸区与中国自贸试验区的战略对接

"一带一路"倡议实施的重要举措是战略对接。自贸试验区与沿线相关国家与地区的发展战略对接,既是平等互利原则的要求,也是中国与国际社会合作的成功经验总结,从根本上体现中国与沿线国家之间合作的自主性和平等性原则。中国三批共11个自贸试验区在落实各自的总体方案、推进建设过程中,对战略对接进行了丰富的实践探索。

(一)"一带一路"沿线国家与中国自贸试验区战略对接的本质内涵

"一带一路"沿线国家自贸区是"一带一路"倡议的外部依托平台,中国自贸试验区是"一带一路"倡议的内在落实基点。因此,"一带一路"沿线国家自贸区与中国自贸试验区通过战略对接,是中国对外开放大格局中,既谋势又谋子,两者相互促进、相得益彰,共同为中国引领国际新的贸易投资规则话语权做出贡献。

1. 自贸试验区是"一带一路"自由贸易区网络的重要节点

自贸试验区在金融政策、贸易政策、人才政策上的优势会吸引周围大量的资金注入和人才流入。这种虹吸效应为"一带一路"倡议解决了发展的需

求,是"一带一路"沿线自由贸易区大网中不可或缺的重要节点。在自贸区发展成熟后,其中会聚的大量资源会产生巨大的溢出效应,反哺于周边地区,为"一带一路"倡议的实施提供支持。不同地区的自贸区拥有独有的地域优势,这有助于解决"一带一路"倡议的区域协调问题。

2. 自由贸易试验区为"一带一路"沿线自贸区规则谈判积累经验

自由贸易试验区将有助于为中国与"一带一路"沿线国家的自贸区谈判铺平道路,扫清障碍。使中国逐渐从国际经贸规则的学习者转变为规则的参与者、制定者。通过不断学习世贸规则,积极研究并利用争端解决机制维护切身权益,防止贸易保护主义对中国形成不公平竞争。并在实践中培养了一批熟悉和掌握国际规则的专业人才。为未来在自贸区谈判中进一步引领新规则制定打下了坚实的基础。

3. 自由贸易试验区成为中国与"一带一路"沿线国家产业开放的压力测试场

中国国内的自由贸易试验区将成为中国在新形势下主动应对国际经贸规则变化和挑战、以开放促改革的重要试验田,对中国自贸区谈判也将起到积极作用。要进一步考虑把国际经贸协定谈判中拿捏不准、存在争议的谈判难点、焦点问题,如敏感行业市场准入以及新规则和高标准等,或是中国谋划的新议题,如价值链、电子商务、园区、产业合作等,放在自贸试验区进行局部试点,积极进行压力测试和效果评估,逐步形成可复制、可推广的开放措施和政策监管方案,为自贸区和双边投资协定谈判提供谈判出要价参考和理论实践支撑。

(二)"一带一路"沿线国家与中国自贸试验区战略对接的主要任务

1. 促进"一带一路"沿线国家与中国自贸试验区对接融合

结合"一带一路"倡议,新兴发展中国家不仅要做国际经贸规则的参与者,也要做规则引领者,构建面向全球的高标准自贸区网络。一要积极谋划把握自贸试验区与"一带一路"倡议在众多产业和市场要素调动中产生的产业创新、金融创新、区域创新等新机遇。二要错位共赢发展，避免"一哄而上"和恶性竞争。追求互补发展、共赢发展。三要着眼于从地缘政治和国家经济核心战略方面进行定位，统筹协调、共建共享、互利共赢，实现更高层次的竞合，实现自贸试验区与"一带一路"倡议对外向型经济新格局的融合驱动。找准融入"一带一路"倡议的切入点。要充分认识自贸试验区的宗旨在于打造投资便利、贸易自由、高端聚集、金融完善、监管透明、法规健全、辐射显著的全球经济制高点，为"一带一路"区域发展创造国际化平台。要顺应发展趋势、潮流，找准切入点，积极推动自贸试验区的贸易投资便利化制度红利迅速外溢，服务于"一带一路"倡议。

2. 创新"一带一路"沿线国家与中国自贸试验区对接模式

政府对外要做好政策沟通协调，营造良好的合作环境，对内则要强化统筹协调，为企业搭好平台。突出企业的主体作用，依托企业不断探索自贸试验区发展新模式。探索区域开发开放与"一带一路"沿线相结合的互利共赢合作新模式、新机制。一要探索构建联席会议制度，加强互联互通，共商发展大计，缓解海量信息交流沟通和利益互动问题。二要创新合作模式，实现互利共赢。选取"一带一路"沿线城市结对，从友好城市或友好港口入手，再发展双边或单边产业园，重塑国际产业发展的合作模式。可从政府角度加大与沿线国家地方政府、社会组织的密切交往。与所在国的地方政府构建合作网络，搭建"一带一路"经贸合作的服务平台。三要主动地实施国家间的自贸区（FTA）战略，积极参与重大国际自贸区谈判与全球规则制定。四要推进政府服务模式和监管模式创新，营造国际化营商环境。简政放权，实施准入前国民待遇和负面清单的管理模式，加强事中事后监管，创造可复制、可推广的自贸试验区发展的制度路径，形成"一带一路"沿线的生产、流通、市场规模效应。

3. 构建"一带一路"沿线国家与中国自贸试验区对接大势

自贸试验区和"一带一路"都是国家战略，彼此之间具有紧密的联动关系。"一带一路"的核心要点在于连接成线和发展成带，其推进落实的途径是将国内外一些核心区域和重要节点作为战略支撑，形成"一带一路"倡议的发展平台和重要开放窗口。因此，要在全局上加强战略匹配，努力形成彼此协同发展的大势，形成推进合力。自贸试验区与"一带一路"倡议都具有支撑与引领关系，是深化对外开放的载体。以"一带一路"沿线国家特别是中国周边国家和地区为依托，推动建设高标准的自贸区网络，为沿线国家的合作，推动贸易便利化和投资自由化，创造更妥帖的制度安排及政策环境。通过优化自贸试验区布局，为促进扩大开放和外贸稳定发展，为"一带一路"倡议的有序推进而做出战略部署。在实施过程中，需加强自贸试验区的互联互通，打通自贸试验区各个环节，发挥各方的优势，从而形成对"一带一路"倡议的有力支撑。

（三）"一带一路"与中国自贸试验区战略对接的实践探索

中国已分别设立了上海、广东、天津、福建、辽宁、浙江、河南、湖北、重庆、四川、陕西自贸区，全国形成"1+3+7"共计11个自贸区的雁阵格局。自由贸易试验区作为中国改革开放的试验田，对外开放的新高地，在参与"一带一路"建设方面争做领头羊，各个自贸区在与"一带一路"倡议对接的实践中积极探索改革创新，自贸区的发展在与沿线国家政策沟通已见成效的前提下，在其他四通方面和"一带一路"倡议的融合交相辉映。

1. 中国（上海）自由贸易试验区与"一带一路"倡议对接的实践探索

设施联通方面，通过中欧班列、上海港等陆上和海上交通双向开发，为融入"一带一路"提供设施便利，打通了"丝绸之路经济带"和"21世纪海上丝绸之路"的战略大通道；贸易畅通方面，通过确立"一线放开、二线安全高效管住、区内流转自由"的改革方向，率先建立国际贸易"单一窗口"，极大推进了贸易便利化；资金融通方面，致力于打造"一带一路"投融资服务中心，为沿线国家投资项目的实施提供资金支持和融资便利，在国内率先试点境外投资备案制，通过发行熊猫债、A+D股等方式拓展实体企业融资途径;民心相通方面,通过设立国家商品交易中心、搭建教育培训平台、建设海外人才局和海外工作站等方式促进与沿线国家的文化交流和人才交流。成立国内首家中外合作经营性教育培训机构、首家外商独资海员外派机构、全国首个海外人才局、张江海外人才工作站等,通过"外引内留"促进人才建设和搭建项目资源,为"一带一路"的建设提供人才资源库。

2. 中国(广东)自由贸易试验区与"一带一路"倡议对接的实践探索

设施联通方面,加速港口和物流大通道建设,通过开通国际班轮航线,加快国际航运、物流和贸易中心的建设等促进与沿线国家的设施联通;贸易畅通方面,推进"证照分离"改革,实现"一门式"审批、"一网式"办理,推出"互联网+易通关""智检口岸""智慧海事"等创新举措,全面推行贸易便利化措施,促进与沿线国家贸易畅通;资金融通方面,致力于打造国内最大的创新金融和类金融企业集聚地为各类企业走出去参与"一带一路"建设提供金融助力,目前区内已累计入驻各类金融企业4万余家;民心相通方面,以文化为桥梁,通过举办大型国际赛事,加强与"一带一路"国家的文化交流与合作。

3. 中国(天津)自由贸易试验区与"一带一路"倡议对接的实践探索

设施联通方面,通过海陆交通的完善加强与"一带一路"沿线国家的设施联通。开通中欧班列,将"海上丝绸之路"综合资源平台与天津自贸试验区区功能创新平台连接起来。打造海向航线辐射网络,与大连港、青岛港等环渤海地区港口合作,构建"环渤海、海侧、全球"三层级航线网络体系和打造陆向经贸物流网络。贸易畅通方面,设立国际贸易"单一窗口",成功构建跨境电商综合信息服务平台;资金融通方面,通过融资租赁业务为国内外各种大项目提供金融支持,各类融资租赁公司已达2 000多家,为相关企业参与"一带一路"建设解决资金和设备问题提供适宜的金融创新和强有力的资金支持;民心相通方面,通过举办旅游业博览会、支持影视文化发展等促进与沿线国家文化交流和民心相通。

4. 中国（福建）自由贸易试验区与"一带一路"倡议对接的实践探索

设施联通方面，把互联互通作为"海上丝绸之路"核心区建设的先导性工程，重点推进"四通道一体系"（海上、空中、陆海、信息四通道和口岸通关体系）建设，打造海上丝绸之路核心区全方位可互换的海陆空及信息战略通道和综合枢纽；贸易畅通方面，建成新丝路跨境交易中心、海丝商城等30多个"一带一路"沿线国家的进口商品展示馆，设立中国—东盟海产品交易所等交易平台促进与沿线国家的贸易往来；资金融通方面，通过推动企业"走出去"投资沿线国家相关项目和建立经济合作园区等方式促进与沿线国家的资金融通；民心相通方面，通过建立文化海外驿站、举办研讨会和艺术节等方式促进与沿线国家民心相通，引导沿线国家和地区华侨华人和华侨社团加强与国内"走出去"企业的交流和服务。

5. 中国（辽宁）自由贸易试验区与"一带一路"倡议对接的实践探索

设施联通方面，通过陆上、海上和信息通道的建设加强与沿线国家的设施联通，实现"一带一路"建设信息互联、渠道互通，以龙头企业和重点项目为依托，带动产业链节点企业和关联企业"共同出海"；贸易畅通方面，通过企业一站式办理所有通关手续、第三方检验结果采信、全球维修产业检验检疫监管等措施推进贸易便利化措施，促进与沿线国家的贸易畅通；资金融通方面，积极推动本地企业"走出去"投资于"一带一路"沿线国家相关项目，促进与沿线国家的资金往来和项目互通；民心相通方面，通过派出汉语教师和志愿者、建设孔子学院等援教和高校合作方式来推进与沿线国家的民心相通。

6. 中国（浙江）自由贸易试验区与"一带一路"倡议对接的实践探索

设施联通方面，通过中欧班列、宁波舟山港等陆上交通、海上交通和网上丝绸之路的建设促进与沿线国家的设施联通；贸易畅通方面，从货物贸易和服务外包、文化、教育等服务贸易，推进与"一带一路"沿线国家和地区的贸易畅通；资金融通方面，通过对"一带一路"沿线国家增加投资，建设境外经贸合作区，设立浙江丝路产业投资基金等方式推进资金融通；民心相通方面，着力打造"丝路之绸""丝路之茶""丝路之瓷"三大交流品牌，依托国家级对外文化交流平台及省内文化展会平台，积极向"一带一路"沿线国家传播浙江文化艺术发展的灿烂成果。

7. 中国（河南）自由贸易试验区与"一带一路"倡议对接的实践探索

设施联通方面，落实中央关于加快建设贯通南北、连接东西的现代立体交通体系和现代物流体系的要求，着力建设服务于"一带一路"建设的现代综合交通枢纽；贸易畅通方面，通过构建综合配套的要素支撑体系等支持跨境电子商务的发展促进与沿线国家的贸易畅通；资金融通方面，通过成立相关基金为参与"一带一路"建设提供金融助力，并出台政策支持跨境双向人民币资金池业务；民心相通方面，通过举办"重走丝路"采风活动、拓展旅游或体育类合作、进行"文化走出去"等各种文化活动和建立文化平台促进与沿线国家民心相通。

8. 中国（湖北）自由贸易试验区与"一带一路"倡议对接的实践探索

设施联通方面，通过中欧（武汉）班列、空港、铁水联运等打造多式联运新格局加强与"一带一路"沿线国家的设施联通；贸易畅通方面，受益于国家自贸区和"一带一路"倡议的实施，中欧（武汉）班列对"一带一路"沿线国家的外贸优进优出趋势明显，促进了与沿线国家的贸易往来；资金融通方面，积极推动与"一带一路"沿线国家和地区的境外经贸合作区、产业园区在投资自由化、贸易便利化等方面的深度合作，推动自贸区对接高标准国际投资贸易规则；民心相通方面，通过开设培训班、出国访问、建立友好城市、签订合作协议等方式促进与沿线国家的民心相通。

9. 中国（重庆）自由贸易试验区与"一带一路"倡议对接的实践探索

设施联通方面，立足于发挥"一带一路"和长江经济带联结点的区位优势，坚持水、陆、空并进，打造综合交通集疏运体系以与沿线国家加强设施联通；贸易畅通方面，积极寻求与"一带一路"国家的通关合作，强化政策沟通，提升通关效率；资金融通方面，在与沿线国家的投融资项目中积极融入汽车等产业布局，不少企业参与并购东南亚、非洲、东欧地区相关产业，发展新能源、生态环保、装备制造等产业；民心相通方面，通过举办各种形式的国际会议、签订友好城市协议和举办文化节等方式促进与沿线国家的文化交流和民心相通。

10. 中国（四川）自由贸易试验区与"一带一路"倡议对接的实践探索

设施联通方面，通过开通中欧班列和建设"网上丝绸之路"，着力推动进出口直邮和网购保税备货常态化规模化发展，加强与沿线国家的设施联通；贸易畅通方面，除了通过发展跨境电商业务促进货物贸易发展之外，服务贸易也稳步推进，大力发展对外工程承包、计算机信息等服务；资金融通方面，通过优惠政策吸引各类金融机构入驻，为与沿线国家相互投资提供金融支持；民心相通方面，通过举办中国（泸州）西南商品博览会、泸州国际酒博会、"一带一路"倡议下的内陆国际贸易发展高峰论坛、大型商品展示展销等活动促进与"一带一路"沿线国家进行贸易沟通和文化交流。

11. 中国（陕西）自由贸易试验区与"一带一路"倡议对接的实践探索

设施联通方面，通过中亚中欧双向班列、直通欧洲的全货机航线等陆空交通发展加强与"一带一路"沿线国家的设施联通；贸易畅通方面，通过高新技术、现代服务业以及中国丝路金融中心等产业带建设和平台中心的构建促进与沿线国家的贸易畅通；资金融通方面，通过设立金融中心和创办合作园区等方式加强与沿线国家的资金融通；民心相通方面，通过设立各种形式的文化服务综合体和举办艺术节等形式促进与沿线国家的民心相通。

三、"一带一路"与中国自贸试验区融合发展的战略路径

中国自贸试验区与"一带一路"沿线国家的战略对接是推动"一带一路"与自贸试验区融合发展的根本途径。如何更好地实现战略对接将是今后一段时间"一带一路"和自贸试验区研究的重点方向，深入研究和探索战略对接的途径、障碍及突破方向是"一带一路"与自贸试验区融合发展的重大课题。

（一）"一带一路"沿线国家与中国自贸试验区战略对接的整体思路

"一带一路"作为一个 FTA（Free Trade Area）网络，与作为一个典型的 FTZ（Free Trade Zone）的自贸试验区，具有不同的国际法属性，因而，二者在战略构建模式上不尽相同，在制度设计、管理模式、治理结构以及想要的政策支持和保障措施等方面存在一定差异。尽管如此，"一带一路"倡议和自贸试验区战略却是在相同的战略背景下提出，具有相同的历史使命，即，两大战略均是中国为了适应世界政治经济新格局、突破外向型经济发展制约、调整国内经济结构与化解产能过剩压力、对接高标准国际规则、打破欧美经济封锁与政治孤立而作出的宏伟构想，"一带一路"倡议倡导的"五通"（政策沟通、设施联通、贸易畅通、资金融通、民心相通）与自贸试验区遵循的"四化"（投资自由化、贸易市场化、金融国际化、管理法制化）存在相通之处：政策沟通与管理法制化相对应，贸易畅通与贸易市场化以及投资自由化相对应，货币流通与金融国际化相对应。总体而言，"一带一路"倡议和自贸试验区战略均体现了的世界大同的博爱精神以及和谐共存、互惠共赢、同谋发展的合作理念，二者是新时期中国对外开放战略格局下的一体两翼。

加强"一带一路"倡议和自贸试验区战略的有机对接和战略联动，将为中国新一轮对外开放提供有力支撑。一方面，"一带一路"倡议通过"走出去"开创新的更为广泛的合作空间，从而为自贸试验区奠定更大规模的市场空间，而中国与"一带一路"沿线国家已经签订的和正在推进的各种双边和多变自由贸易协定将是自贸试验区进行体制机制创新的重要制度基础。另一方面，推进落实"一带一路"的"五通"建设的较为可行的途径是在各种自由贸易协定的基础上，在"一带一路"沿线构建一些贸易核心区域作为地域节点和战略支撑，而自贸试验区多是处于"一带一路"国内线段中区位优势明显、经贸往来频繁、腹地较为广阔的交通枢纽地带，加之拥有更加市场化、国际化、法制化的营商环境，无疑是中国衔接"一带一路"FTA 网络的最佳切入点与排头兵。此外，自贸试验区推行的各项体制机制创新、管理模式转变都为"一带一路"法制建设提供了丰富的实验源泉和制度渊源，为"一带一路"的政策沟通创造条件，而自贸试验区的经济发展模式也将为"一带一路"沿线国家发展提供参考蓝本。

（二）"一带一路"沿线国家与中国自贸试验区战略对接的具体途径

对外交流、自由贸易、投资便利是"一带一路"倡议和自贸试验区的重要使命，制度要素与地理要素则是重要支撑，因此，可以在制度引入、地理联通、经贸往来、资本流通、文化交流等几方面探索二者的对接路径。

1. 将自贸试验区的制度创新与"一带一路"的政策沟通深度对接

自贸试验区本身就是中国改革开放、制度创新的"试验田"和"压力测试场"，其战略定位之一就是要"加快政府职能转变，建立与国际投资贸易规则相适应的新体制"。经过近几年的探索建设，中国自贸试验区已经初步形成了包括"负面清单制度、先证后照制度、一口受理制度、投资备案管理制度"等在内的较高标准的经贸规则体系。这些创新举措经过实践检验已然证明能够有效推动贸易便利化和投资自由化，是与市场经济发展规律相符、与发展中国家经济水平想适应的可复制、可推广的先进制度。这些制度体系完全能够被引入"一带一路"建设之中，从而，一方面能够帮助"一带一路"沿线各国提高自身市场管理水平；另一方面则可在一定程度上突破现有法律体制障碍增进彼此之间在文化、商贸、金融等领域的自由联通。

2. 将自贸试验区的地缘优势与"一带一路"的交通互联深度对接

基础设施互联互通是"一带一路"建设的优先领域，尤其是交通互联更是"一带一路"建设的重要基础。中国已设立的十一个自贸试验区均是处于区位优势显著的交通枢纽地带，经济发展水平较高、腹地较为广阔，是"一带一路"大通道的重要交通节点，在全国范围内逐步形成了中国内部区域对接"一带一路"的地理格局；未来以各个自贸试验区为窗口、"一带一路"

为载体、陆海交通为动脉，"一带一路"将转换成为具有"生命力"的有机整体。

3. 将自贸试验区的国际化营商环境营造与"一带一路"的贸易畅通深度对接

投资贸易合作是"一带一路"建设的重点内容，《推动共建丝绸之路经济带和21世纪海上丝绸之路的愿景与行动》明确提出要"消除投资和贸易壁垒，构建区域内和各国良好的营商环境，积极同沿线国家和地区共同商建自由贸易区，激发释放合作潜力，做大做好合作'蛋糕'。"中国各个自贸试验区借助管理制度创新，简化货物管理程序、提升对外贸易便利化，放宽市场准入监管、推动涉外投资自由化，加强事中事后监管、推进管理体制改革，逐步营造起市场化、国际化、法制化的营商环境，为"一带一路"沿线国家进入中国市场创造了好的机遇和平台，同时"一带一路"也为各个自贸试验区提供了广阔的市场空间展。一方面，中国各自贸试验区将进一步构建良好法制营商环境吸引"一带一路"沿线国家的公司、企业、个人进入自贸试验区开展贸易投资，为中国经济发展注入新的动力；另一方面，中国各个自贸试验区也将进一步推进管理体制改革、加强投资服务提供，调动市场主体积极性，鼓励区内企业"走出去"，将"一带一路"沿线企业"引进来"，从而形成"一带一路"沿线企业、个人良好的互动合作、共同发展的新局面，最终逐步构建起以中国自贸试验区为重要载体的"一带一路"FTA网络。

4. 将自贸试验区的金融改革与"一带一路"的资金融通深度对接

资金融通是"一带一路"建设的重要支撑。一方面，"一带一路"的各种建设需要大量资金支援及融资支持，尽管当前已经成立的亚投行与丝路基金可为"一带一路"建设提供5 000亿美金的资金，但这些资金依然远不能满足"一带一路"的各项建设需求，资金缺口仍是困扰"一带一路"的现实难题，而实现资金融通则是解决该问题的根本途径；另一方面，快速便捷的金融结算是实现贸易畅通、投资自由的基本前提。作为"中国金融业对外开放试验示范窗口"和"跨境人民币业务创新试验区",自贸试验区通过加强与"一带一路"沿线国家金融市场的深度合作互联互通,通过加强与境外人民币离岸市场战略合作,通过大力发展海外投资保险、出口信用保险、货物运输保险、工程建设保险等业务,通过加强与"一带一路"沿线国家的金融监管合作,为"一带一路"建设提供安全、丰富的金融服务和资金保障。

5. 将自贸试验区的文化体制创新与"一带一路"的民心相通深度对接

民心相通是"一带一路"建设的社会根基,传承和弘扬丝绸之路友好合作精神,广泛开展文化交流、学术往来、人才交流合作、媒体合作等,可以为深化双多边合作奠定坚实的民意基础。各个自贸试验区建立以来,通过实施文化产业负面清单制度、简化文化活动审批流程、便利艺术品进出口贸易、强化知识产权法律保障等措施,大力推进文化产业管理体制创新,形成了特有的文化产业发展模式,为中国与"一带一路"沿线各国间的文化交流合作提供了一个好的展示窗口和贸易平台,从而有力推动中国自贸区文化产业的市场化与国际化。

(三)"一带一路"沿线国家与中国自贸试验区战略对接的问题障碍

1. 各自贸试验区在对接"一带一路"倡议中,协调统筹不足,缺乏路径配合

各省份均围绕本省份自身情况,以国家"一带一路"构想为"纲",制定本省份参与"一带一路"建设的发展战略。各自贸试验区大都以本省份的发展战略为基础,推进自身与"一带一路"的对接,很少关注省与省间参与"一带一路"建设的合作与协同。自贸试验区之间参与"一带一路"建设协调平台建设严重滞后,导致各自贸试验区缺乏必要的合作交流,必然带来自贸试验区建设定位、对接模式、对接对象的交叉重叠且缺乏差异性,从而导致各自贸试验区在"一带一路"建设中的恶性竞争,弱化自贸试验区在"一带一路"建设的带动效应和排头兵作用。

2. 自贸试验区对接"一带一路"物流体系不完善，中欧班列无序竞争情况时有发生

首先，自贸试验区内的物流企业仍处于小、散、乱的格局状态，相比发达国家，物流服务能力还有较大差距，高端物流服务、新型物流业态等领域更是较为薄弱，整体上，自贸试验区内还未建立起全面支撑中国参与"一带一路"的物流体系，物流业发展水平亟待提升。其次，中欧班还处于发展初期，一方面，这些中欧班列营销平台处于各自揽货、互相竞争的状态，相互间没有信息交流，从而不能有效整合零散的货运批量、充分利用班列的运输能力，无法发挥规模效应、降低运输成本，最终削弱了各自的竞争优势；另一方面，"一带一路"沿线交通基础设施和配套服务不够完善，导致中欧班列的综合服务水平低下。

3. 自贸试验区与部分"一带一路"沿线国家在贸易便利、投资自由对接方面存在一定障碍

"一带一路"沿线国家在社会文化、风土人情、传统习惯、政治制度、宗教信仰等方面存在多样化，导致一些沿线国家在通关制度、投资管理体制方面与中国存在较大差异，从而阻碍了自贸试验区与这些国家在贸易通关、投资管理方面的快速协调与对接。尤其是部分"一带一路"沿线国家经济发展水平相对低下，通关手续烦琐、效率低下，制约了"一带一路"物流通畅和效率提升。

（四）自贸试验区金融创新有待提升，金融业服务"一带一路"建设能力不足

尽管，自贸试验区自建区以来，积极扩大金融对外开放、拓展金融服务功能，但"一带一路"建设融资需求多，尤其是基础设施建设需要长期、大额融资，不是单独一家乃至自贸试验区的金融机构能够满足的。其次，"一带一路"沿线国家货币在国际货币体系中的地位不高，相互间的贸易投资，仍以美元、欧元等第三方货币进行计价与结算。最后，"一带一路"沿线国家

间的金融监管协调合作还未全面展开。

（五）"一带一路"沿线国家与中国自贸试验区战略对接的重点方向

1. 充分发挥自贸试验区溢出效应和广阔的腹地优势，建设"一带一路"对接示范区

在各种自由贸易协定的基础上，在"一带一路"沿线构建一些贸易核心区域作为地域节点和战略支撑是落实"一带一路"建设的较为可行的途径。自贸试验区多是处于"一带一路"国内线段中区位较为显著、经济较为发达、腹地较为广阔的交通枢纽地带，充分发挥自贸试验区在各方面优势，通过加大改革开放的先行先试力度，建设"一带一路"对接示范区，以成功项目和实实在在的收益吸引广大"一带一路"沿线国家民众对深化"一带一路"交流合作的关注度，进而增强认可度和信心。

2. 设立国家层面战略统筹协调机构，对自贸试验区参与"一带一路"建设进行统筹协调，加快自贸试验区融入"一带一路"建设

"一带一路"倡议和自贸试验区战略的推行涉及的部门和地域众多，需要有专业的国家机构进行调节与协调，从而加强东、中、西部自贸区经济合作，做好产业链整合与分工，避免省与省间的无序竞争，形成产业发展合力。此外，国家级的协调平台有利于破除自贸试验区间的政策协调障碍，避免出现省与省间发展战略功能定位、发展路径雷同等问题，最大限度发挥政策合力。

3. 充分发挥自贸试验区的地理区位优势，完善自贸试验区对接"一带一路"的物流体系

首先，根据《推动共建丝绸之路经济带和21世纪海上丝绸之路的愿景与行动》对各自贸试验区所在省份的区域发展定位，发展与之定位相匹配的国际物流业务，提高市场集中度，形成一批国际竞争力强、国际市场份额大的大型物流集团。其次，各自贸试验区政府应根据《中欧班列发展规划（2016～2020年）》，合理引导，营造良好市场环境，促进各地中欧班列的整合协调与有序发展。最后，加强自贸试验区与"一带一路"沿线国家国际班列和跨境物流的协调与管理。

4. 推动自贸试验区与"一带一路"沿线国家开展信息共享、标准互认，促进通关便利

鼓励自贸试验区与"一带一路"沿线国家在海关监管、检验检疫、认证认可、标准计量等方面展开广泛交流与深度合作，探索与"一带一路"沿线国家开展贸易供应链安全与便利合作。加强与"一带一路"沿线国家的政策沟通，力争实现与沿线国家海关关检互认、信息共享、执法互助，形成一次报关、一次查验、一次放行的"一卡通"通关模式，大幅度提升通关效率，节约企业通关时间，降低通关成本。

5. 进一步推动自贸试验区金融创新，多方式整合沿线国家金融资源、为"一带一路"建设提供资金支持

首先，加大自贸试验区的金融创新力度，在人民币资本项目可兑换、人民币跨境使用、外汇管理等重要领域和关键环节自贸区应先行试验，建立国际化、市场化、法治化的金融服务体系、亚洲货币体系、融资体系和信用体系。其次，支持"一带一路"沿线国家政府或具有较高信用级别的外资企业在自贸试验区内发行人民币债券，鼓励国内具有资质条件的市场主体通过自贸试验区"走出去"，到"一带一路"沿线他国发行人民币债券或当地债券，努力实现亚太市场金融互通。再次，推动自贸试验区打造一批权威性的大宗商品电子交易平台，与"一带一路"沿线国家商讨建立能源、钢铁、黄金、贵金属、棉花、大豆等重要大宗商品定价交易机制，塑造自贸试验区的国际金融影响力。最后，加强沿线各国间金融监管合作，积极构建亚太金融监管网络体系，建立亚太金融监管协调机制，协同完善关于亚太市场金融危机处置的制度安排，增进各国征信机构与评级机构的跨境交流，共同构筑亚太金融风险预警系统。

四、"一带一路"与中国自贸试验区融合发展的战略保障

为进一步推动"一带一路"倡议与自贸试验区建设的融合发展，提升中国对外开放水平、促进"一带一路"沿线国家经济发展，应加快建设高标准贸易投资规则体系，构建良好的营商环境和支撑体系，同时，为对外开放构建更加健全完善的法律保障体系。

（一）加快建设高标准贸易投资规则体系

为促进"一带一路"和自贸试验区战略的深度对接和融合，对内，应以自贸试验区为前导，先行先试，探索最佳的规则体系和运行机制；对外，应积极推进"一带一路"沿线国家经贸规则与标准体系的兼容，不断增强中国在国际经贸规则制定中的影响力，在国际规则重构中发挥主导作用。

1. 对照高标准全面深化自贸试验区改革开放

要"按照国际最高标准，为推动实施新一轮高水平对外开放进行更为充分的压力测试，探索开放型经济发展新领域，形成适应经济更加开放要求的系统试点经验。"首先，推进高标准国际投资贸易规则先行先试。一方面，推进与最新谈判议题相关的改革试验。一是探索构建竞争中立制度，对相关措施是否可能导致不公平竞争进行审查，并对现行法规政策中不符合竞争中立原则的内容进行调整。二是加大知识产权和环境保护力度，完善环境监管执法体系，推行环境保护协议制度，鼓励企业与政府部门签订高于法定要求的改善环境协议。三是探索建立投资者异议审查制度，形成更加良好顺畅的政企沟通机制。另一方面，完善对外开放的风险防控体系。一是完善产业风险防控制度。加快健全国家安全审查制度和反垄断审查协助工作机制。二是完善金融风险防控制度。按照宏观审慎评估体系要求，建立与自贸试验区金融开放创新相适应的金融综合监管机制。其次，围绕高标准投资贸易规则深化改革创新。一是落实自贸试验区的各项改革创新举措。在国家层面，应根据国际形势变化以及中国全面深化改革和扩大开放的要求，赋予自贸试验区在

关键领域开展更大力度的试验探索和压力测试的新任务。在部门和地方层面，应本着"勇于创新、大胆尝试"的精神，将市场主体需求强烈的，涉及扩大金融和服务业开放、提升贸易便利化以及经贸规则谈判新议题的改革举措在自由贸易试验区先行先试，在实践中发现问题、解决问题。二是提升改革创新的整体性和协同性。在制度设计上，应注重系统集成，协同推进不同改革领域的各项制度创新，建立部门协调联动、自贸试验区与社会力量共同参与的制度创新与推进体系。三是充分调动各级政府改革创新的积极性和创造性。以目标和问题为导向，进一步加大简政放权的力度。四是服务国家重大发展战略，继续探索试验区内外协同发展模式。自贸试验区要进一步明确对接、服务国家战略的目标定位，中央各部门应鼓励自贸试验区依据各自的目标定位，继续推进差异化协同联动的先行先试，促进自贸试验区与区域经济深度融合发展。最后，统筹自贸试验区差别化试验探索。国际贸易投资规则体系的基本原则和要求是统一的，但受地区发展水平、开放环境、发展重点、管理体制等不同的影响，在规则体系建设的要求上甚至在部分规则的具体条款上，会存在一些差异。各自贸试验区要紧紧围绕总体方案要求，在国家统筹指导下，形成各具特色、有机互补的试点格局，各个自贸试验区在制度创新过程中，应加强共性问题的交流，及时沟通有关信息，提高制度创新的整体效率。

2. 推进"一带一路"沿线国家和地区的规则对接

"一带一路"遵循"共商、共建、共享"原则，因此合作过程不搞排他性规则设计，而是尊重合作各方彼此的意愿与利益。那么，推进合作各方规则的对接就显得极为重要。第一，规则对接对推进"一带一路"建设意义重大。要克服巨大的国别差异，把"一带一路"建设成一条互尊互信之路、合作共赢之路、文明互鉴之路，一个关键环节就是推动重点领域或流程的规范及标准对接，最大限度降低因制度和标准不同而造成的无谓损失，为增进国家间科技、经贸、教育、旅游、文化、卫生、体育等各方面交往提供便利。

第二，贸易和投资是规则对接的优先方向。促进沿线国家和地区实现投资便利和贸易畅通是推进"一带一路"建设的重要目标。虽然推进投资和贸易机制及标准对接的难度很大，但如果不推动沿线国家和地区的投资和贸易机制进行对接，不仅"一带一路"建设难以取得实效，正在积极"走出去"的中国企业和"中国制造"也将遭遇严峻的挑战。第三，自贸试验区应通过构建高标准贸易规则与"一带一路"深度对接。自贸试验区成立后立足国际高标准，实行了诸多贸易便利化举措，客观上促进了与"一带一路"沿线国家和地区的贸易发展。为推进自贸试验区与"一带一路"建设的深度融合，应进一步站在国际高标准的高度上积极推进自贸试验区与沿线国家和地区开展贸易供应链安全与便利合作。第四，推进规则对接的主要举措。从国家层面看，应尽快签署并完善"一带一路"框架下投资保护协定和避免双重征税协定。

从企业层面看，应积极促进跨国经营管理向国际规则过渡。此外，加强"一带一路"风险防范规则的对接异常重要。这要求，一方面，应参照国际经济合作的通行惯例构建"一带一路"的风险防范体系；另一方面，需要根据"一带一路"以发展中国家和新兴经济体为主的合作模式，以及将基础设施互联互通和产能合作作为合作方向的投资特点，制定符合"一带一路"特点的投资风险防范规则与机制，为"一带一路"国际合作保驾护航。

3. 增强中国在国际经贸规则制定中的影响力

中国奉行互利共赢的开放战略，发展更高层次的开放型经济，积极参与全球经济治理和公共产品供给，提高中国在全球经济治理中的制度性话语权，这有利于中国推进"一带一路"倡议，推动"一带一路"与自贸试验区融合发展，构建广泛的利益共同体。第一，夯实参与和引领国际经贸规则变革的经济基础。综合国力的不断提升，是中国参与国际经贸规则制定的基本保障。中国要坚持将发展经济放在首位，积极实施走出去战略，继续坚定不移地推进全方位的经济体制改革，力保经济持续快速增长，提高综合国力，以内力带动外力来增强自身参与国际经贸规则制定的能力，进而为广大发展中国家争取国际发展空间和权益。第二，进一步发展中国主导的区域性国际组织和机构。当前，中国在积极推动国际货币基金组织、世界银行等机构"存量改革"的同时，主动引领和参与创建亚洲基础设施投资银行、金砖国家新开发银行等新的区域性机构，以建设性方式对全球经济治理架构进行"增量改革"。第三，积极促进区域经济合作协调机制建设。区域经济合作是为了更好地协调该区域国家和地区的立场及共同利益，从而为全球经济治理和国际经贸规则的演化提供新的途径和方法。中国应积极参与区域合作，加强同其他国家之间的沟通，在利益交集领域求同存异，逐步取得广泛的信任，进而谋求双赢或多赢，树立良好的大国形象，成为区域经济合作协调机制建设的引导者。第四，全方位参与国际经贸规则重构。中国参与国际经贸规则制定还处于起步阶段，与美、欧、日等相比，中国参与国际经贸规则制定的实践经验、知识储备、人才培养等相对不足，加强能力建设、提升参与水平仍是十分迫切的任务。要重视参与国际规则制定的软实力建设。对于新型贸易协定所涉及的贸易新规则与标准，不仅要重视，更要深入了解和研究，以把握国际贸易政策的前沿，争取在国际贸易规则制定中的主动权。认真研究和分析对中国的影响及挑战，研究借鉴相关规则深化国内改革的可行性，及早做出应对预案与战略调整。改进涉外经济贸易决策协调机制，建立国际经贸谈判新机制。打造对外开放战略智库，为科学决策提供具有前瞻性的政策建议和智力支撑。

（二）构建良好的营商环境和支撑体系

面对国际贸易规则重构新形势，中国应通过深化改革开放与世界经济贸易发展新趋势相向而行，将国际贸易规则重构作为动力和机遇，自觉地向国际贸易规则的高标准靠拢，完善法制化、国际化、便利化的营商环境，健全同国际贸易投资规则相适应的体制机制。

1. 加快推进与开放型经济相关的体制机制改革

结合中国自由贸易区战略、"一带一路"与自贸试验区融合发展的要求来看，加快推进与开放型经济相关的体制机制改革的重点任务主要有几方面：第一，创新完善外商投资管理体制。外资管理体制是中国吸收外资发展战略与政策顺利实施的制度保证。通过自贸试验区的建设，中国在改革外商投资审批和产业指导的管理方式上已经取得了显著成果，正在由点及面地向准入前国民待遇加负面清单的管理模式转变。应继续发挥自贸试验区的开放引领和带动作用，推动自贸试验区深化改革开放，使之成为培育吸引外资新优势的排头兵和推进制度继承创新的示范区。第二，建立促进"走出去"战略的新体制。企业"走出去"是开放型经济的重要内涵之一，推动企业"走出去"是提高开放型经济水平的重要支撑。要完善企业"走出去"的信息服务机制，扩大信息采集渠道，提供境外经营环境、政策环境、境外投资环境评估以及项目合作机会、合作伙伴资质等企业急需的信息。同时，应加强对外投资的后期监管，完善对外投资统计制度和海外企业信息披露制度。第三，构建外贸可持续发展新机制。一是继续把推进贸易便利化作为常态化、制度化工作。二是将培育外贸竞争新优势作为核心工作，在巩固传统优势的同时，顺应全球价值链分工新趋势，鼓励企业开展科技创新和商业模式创新，培育以技术、品牌、质量、服务为核心的新优势。三是充分发挥对外贸易与对外投资的互动效应。四是完善外贸政策协调机制，加强财税、金融、产业、贸易等政策之间的衔接和配合，完善外贸促进政策和体系。第四，强化政策决策与执行的协调机制。各级政府、各职能部门的协调合作、共同推进，在进一步扩大开放，构建开放型经济新体制的基础上，尽可能地做到互利共赢。为此，完善政策决策与执行的协调机制显得尤为重要。在全面深化自贸试验区改革开放的工作中，应进一步明确各自贸试验区的差异化定位及其在"一带一路"倡议下的不同侧重点，错位发展，使各片区的优势投资领域更加突出。

2. 建立统一开放、竞争有序的市场体系和监管规则

充分发挥自贸试验区改革溢出效应，以标准和法规建设为重点，推动建

立适应产业创新发展、覆盖供应链全过程的市场规则体系，营造宽松便捷的市场准入环境，通过深化改革进一步转变政府职能，减少行政审批，激发创业创新热情，营造公平有序的市场竞争环境，坚持放管结合，加强事中事后监管，发挥中国统一大市场的优势和潜力，为企业优胜劣汰和产业转型提供保障。首先，改革市场准入制度和退出机制。稳步推进建立全面覆盖的市场负面清单管理模式，完善事中事后监管，深入开展行政事项清理并发布行政权力和责任清单。总结自贸试验区经验，逐步推进在区外试点市场主体简易注销程序，以"便捷高效、公开透明、控制风险"为基本原则，进一步完善市场退出机制。其次，健全市场标准化体系。要紧紧围绕使市场在资源配置中起决定性作用和更好发挥政府作用，着力解决标准体系不完善、管理体制不顺畅、与社会主义市场经济发展不适应问题，改革标准体系和标准化管理体制，改进标准制定工作机制，强化标准的实施与监督，更好发挥标准化在推进国家治理体系和治理能力现代化中的基础性、战略性作用，促进经济持续健康发展和社会全面进步。最后，建立公平竞争审查制度。要按照尊重市场、竞争优先，立足全局、统筹兼顾、科学谋划、分步实施，依法审查、强化监督的原则，建立和实施公平竞争审查制度，规范政府有关行为，加快建设统一开放、竞争有序的市场体系。要实施公平竞争审查制度，清理和取消资质资格获取、招投标、权益保护等方面存在的差别化待遇，实现各类市场主体依法平等准入清单之外的行业、领域和业务。

3. 健全国际化专业性人才培养支撑体系

随着自由贸易区战略和"一带一路"建设的推进，中国面临着从"引进来"向"走出去"的转型，在这一过程中，国际化人才无疑成了转型能否成功的关键要素之一。从长远来看，培养大批能够在"一带一路"沿线国家顺利开展工作的国际化人才，是适应新一轮改革开放布局的必由之路。首先，"一带一路"对外开放新格局对人才需求迫切。一是国际工程项目管理人才。"一带一路"沿线区域大都是发展中国家，基础设施建设将是其重点发展项目，这就需要大量具备适应跨国家、跨区域运营的各方面能力的国际工程项目管理人才；二是国际经贸文化事务人才。由于与"一带一路"沿线国家贸易、经济、文化交流的加深，刺激国际事务管理人才需求，需要大批熟知国际规则、惯例、掌握计算机网络信息技术、具有实际谈判、交涉能力的人才，以及大量精通外语、通晓各国文化习俗，并初步掌握各行业国际交往规则、法律法规以及国际市场行情的专门人才；三是国际法律人才。由于"一带一路"涉及的多国之间的合作和贸易，不同国家政策法规不同，经济发展水平不同，在合作中难免出现很多问题。这一系列工作离不开国际法律人才的参与。其次，需要拓宽国际化专业性人才的培养支撑路径。一是做好人才培养调研工作，制定国际化人才中长期培养发展规划。深入广泛地开展调查研究工作，政府、院校与民间机构协作，共同搭建国际化人才培养和发展平台，建立前瞻性人才培养体系，补足"一带一路"、"走出去"国际化人才短板。二是拓宽国际化人才培养渠道，形成多方位协同的人才培养机制。应发挥好高校、研究机构、第三方组织等国际化教育桥梁的重要作用，在"一带一路"沿线国家和地区进行教育资源链接和整合，充分利用沿线国家和全球的人力资源，广泛开展人才交流合作。三是做好国际化人才的创新激励和服务配套工作。应采用全球思维、国际通行的规则来积极探索人才管理服务体系和综合环境等领域的制度创新和政策突破。

（三）强化全方位对外开放的法制保障

经济全球化是世界各国密切关注的话题，中国秉持国际、开放、自由、合作、共赢的理念，提出构建"一带一路"的蓝图。实现"一带一路"沿线国家的共同发展，需要解决沿线各国不同的法律规则与司法制度之间的矛盾与冲突，这就需要完善"一带一路"与自贸试验区融合发展的法制保障。

1. 税收法制保障

"一带一路"与自贸试验区融合发展的税收法制保障可以从四个方面着手。第一，要加强税收立法。在"一带一路"和自贸试验区融合发展的税收法制保障中，加强税收立法是基础。重点从几个方面进行：一是国家层面应通过及时修订或新签税收协定，消除企业被双重征税的风险；二是积极完善相互协商程序制度的立法，使相关税收争议解决更加有效，从而维护纳税人的合法利益；三是积极优化税收抵免政策，可以在自贸试验区中尝试实行限额抵免法而非分国限额抵免法，这样可以引导更多企业通过自贸试验区到"一带一路"相关国家进行投资；四是积极通过立法方式确定自贸试验区中具有引导性的税收优惠政策，将"一带一路"的对外投资和自贸试验区中的企业发展方向聚焦到高新技术产业和先进制造业；五是积极完善双边预约定价的国际税收立法，加快与"一带一路"所涉国家税务主管部门进行双边预约定价安排的谈签；六是积极完善有关财政补贴制度的立法。第二，完善税收服务。一是利用自贸区联合办税的特色，实现"一带一路"跨区域税务的便利化；二是利用自贸区综合管理服务平台，进行有关"一带一路"和"自贸试验区"税收政策的宣传，实现税收政策效率性；三是利用自贸区集中专业性的中介机构，实现税收政策个性化的运用；四是利用自贸区税收服务人才的培养，实现"一带一路"及未来战略专业税收人才的储备；五是利用自贸区税务服务体系的健全，建立国别税收信息中心，并设立体现以纳税人为中心的服务意识。第三，优化税收征管。一是税务部门搭建信息共享平台，通过大数据、云计算、"互联网＋"等技术，打通中国与相关国家的税收征管信息交流渠道；二是构建跨区域协调机制，完善合作机制，创新合作方法，逐步构建跨区域税收征管争议协调机制；三是规范税收信息申报流程，实施全程税收监管，做到常规检查与重点监控相结合；四是协调跨境税收征管国际合作。第四，重视自动税收情报交换。自贸试验区与"一带一路"都涉及与域外税务机关的情报交换，以保证各自的跨境税源监控。在对自贸试验区与"一带一路"融合发展的税收政策保障中，重视税收情报交换工作不仅是为了维护中国自身的税收主权利益，也是税基侵蚀与利润转移（BEPS）行动计划第11项中对各国提出的税收透明度要求的体现。

2. 金融法律保障

自贸试验区的制度创新应以“一带一路”规划为重点，有针对性地为“一带一路”规划和自贸试验区的融合发展提供金融法律保障。第一，完善国内对外投资法律法规。健全国内对外投资相关法律制度，对国内三大外资法律、外贸法律法规进行统一修订、同时制定《外国投资法》、对外经济法律法规，营造良好的投资环境来支持外资企业和外资金融机构进入中国、鼓励符合条件的国内企业“走出去”，实现双边金融互通。制定境外投资激励政策，明确政府与市场之间的分工合作，降低民营企业“走出去”的成本，使良好的投资政策惠及真正竞争力强的民营企业。自贸试验区根据与“一带一路”沿边国家金融业务开展的实际情况，先行探索制定与国际通行规则接轨的跨境投资法律制度，营造开放、有序的投资环境，吸引更多高质量的外商直接投资。第二，制定国际化金融法律制度。自贸试验区以丝路基金等开发性金融机构法律规则、国际金融法律法规为基础，制定国际化、法治化的金融法律制度，以便于逐步推进与“一带一路”沿边国家、地区之间的资金融通，提升双向投资水平，发挥金融助推作用。第三，健全金融监管协商机制。自贸试验区的金融监管改革应该进一步完善金融分业监管模式，加强“一行三会”之间的协商合作，逐步建立高效金融监管协调机制。自贸试验区根据各自的实际情况完善跨境金融监管制度。第四，保障金融法律制度的普适性。加快自贸试验区金融改革红利的普及，确保全国各省份能逐步成功复制已经创新的法律制度，以法律的形式规定自贸试验区法律推广的具体问题，保障改革成功的制度能够成功、快速地复制、推广。

3. 环境保护合作制度创新

“一带一路”沿线国家除了开展经济合作与互利共赢之外，还应当在环境保护方面加强合作，并争取尽快签订环境保护共同行动方面的合作协议，明确各国在环境保护方面的义务和责任，形成环境保护共同行动的纲领性文件。首先，明确环境保护合作的主要领域。一是加强减缓气候变化方面的合作。中国可以通过与沿线国家建立双边以及多边合作机制，根据各国的具体国情帮助沿线国家完成应对气候变化的目标。二是加强自然资源和清洁能源开发利用方面的合作。三是加强野生动植物保护方面的合作。"一带一路"沿线国家应当在保护生物多样性、打击野生动植物走私、杜绝过度捕捞海洋生物等方面达成共识。其次，明确"一带一路"沿线国家环境保护合作的基本原则。一是在环境政策与法律的制定上相互支持原则。"一带一路"沿线国家应当在可持续发展理念的共同指引下，制定出鼓励开展环境保护合作的政策与法律。二是落实共同但有区别的责任原则。共同但有区别的责任原则是国际环境法的一条基本原则，要求相关国家根据国家的实力承担相应的环境保护责任。三是环境保护的共同参与和互相监督原则。环境保护不应当成为个别国家的独角戏，而应当形成各国共同参与、积极参与、各尽所能的格局。在明确各国环境保护义务的同时，还应当形成相互监督的机制，促进各国自觉履行环境保护的义务和责任。最后，"一带一路"沿线国家环境保护合作的实施路径。一是促成《"一带一路"沿线国家环境保护合作共同行动纲领》的签订。在内容上可以参照跨太平洋伙伴关系协议（简称"TPP"）的环境保护章节。二是加强环境保护方面的司法协作。三是加强"一带一路"沿线国家环境保护的科技合作。"一带一路"沿线国家在环境保护的科学技术研究上各有所长，加强环保科技合作，形成能源利用、污染防治等方面最新科研成果的共享机制，将有力促进沿线国家的环境保护合作。

4. 知识产权保护协作制度创新

"一带一路"建设正处于探索阶段，时机、条件不成熟，而且就目前的发展状况而言，制定统一的知识产权保护制度是不切实际的，而为了实现区域间知识产权保护，在统一调整规范制定之前，区域间互助互信机制的建立尤为重要。第一，加强"一带一路"沿线国家知识产权制度、政策交流机制。为了促进各国家的交流，加强国家间在制度构建、政府管理等方面的沟通，可以定期召开知识产权高级别会议或圆桌会议，使其成为正式的会议形式。第二，构建"一带一路"沿线国家知识产权保护信息共享机制。构建统一的知识产权保护制度，各国的知识产权立法、司法保护、行政管理等信息必须公开透明，要成立信息共享平台，促成相对成熟的信息共享机制。第三，建立"一带一路"沿线国家知识产权审查服务合作机制。就专利审查业务管理加强交流，建立专利审查高速路合作机制，积极开展知识产权信息共享和数据交换，面向公众开放数据信息资源，满足社会日益增长的知识产权信息服务需求。第四，建立"一带一路"沿线国家知识产权执法保护协作机制。推动沿线国家加强知识产权执法方面的经验交流，交换执法信息，开展执法协作，共同保护知识产权。第五，建立"一带一路"沿线国家知识产权人才培养互助机制。从知识产权专业人员及知识产权服务业从业人员培养出发，形成专业人员的互助互培机制。积极开展审查、管理人员之间的交流互访，加强审查业务方面的培训合作，提高知识产权从业人员的执业能力，促进知识产权事业发展。第六，建立"一带一路"沿线国家知识产权争端解决机制。建立知识产权协商的部门，提交协商的条件，主持协商人员的确定，协商的程序步骤，保障协商结果的可接受性和可执行性等问题应当予以充分考虑。建立"一带一路"沿线国家知识产权仲裁机构，从而保证争端双方更好地化解冲突，提高知识产权利用的效率，推动各国经济建设。

5. 多元化的纠纷解决机制

为有效协调合作各方行为，保证融合发展过程的和谐与可持续，必须建立多元化的纠纷解决机制。一是灵活运用在线纠纷解决机制。在线纠纷解决机制（Online Dispute Resolution），简称 ODR 机制，实质上是以电子邮件、电子布告栏、电子聊天室、语音设备、视频设备、网站系统软件等网络信息技术工具进行纠纷解决资讯的交流，从而避免了当事人之间的直接会面，进而降低纠纷解决成本提高纠纷解决的效率。二是逐步健全社会化非诉讼纠纷解决机制。其中重要的一项措施是完善大调解联动纠纷解决机制的建设，将各种调解的资源和力量（例如，人民调解、行政调解、律师调解、信访调解、仲裁调解、诉讼调解等）有机地整合起来，充分发挥调解中的协商妥协、互谅互让的优势，探索双赢互利的审理结果，妥善处理经济商事的纠纷和矛盾。三是不断创新仲裁纠纷解决机制。为因应新时代的需要，应大胆尝试进行仲裁纠纷解决机制的相关规则的创新：第一，投资便利化和贸易便利化要求加强对当事人意思自治的保障，为此，仲裁制度在选任仲裁员、证据制度、友好仲裁等程序中应全面保护当事人自主权和选择权的行使，在经得双方同意的情形下，可适度放宽现有的一些限制。第二，在优化流程管理的基础上全面提高仲裁工作效率，为民商事纠纷提供有效的法治保障。第三，利用"互联网＋"技术打造智慧仲裁委，充分运用互联网、大数据、人工智能等信息技术，借助安全数据交换平台共享直接关联信息，实现仲裁程序的电子化，保证仲裁信息的可视化，确保仲裁结果的公正性，满足当事人对解决国际民商事纠纷的低成本、高效率、公平性的要求。

绿色基础设施联通及其发展实践

陈波平[*]

　　非常荣幸今天下午有机会主持绿色基础设施分论坛，下面向大会汇报一下分论坛讨论的内容。我试着做一下总结，关于绿色基础设施这方面的结果，我们高屋建瓴，也会涉及联合国环境署的一些项目，首先讲到基础设施的建设，融入环境、社会治理相关的一些基础设施。这个报告已经超过环保的范围，涉及社会这个层面，同时还讲到生态的一个基础设施。也就是说，我们基于天然或自然的基础设施，例如湿地或者河流、森林来进行基础建设。

　　什么是绿色基础设施？我们其实除了有环保以外，也要考虑到生态方面的基础设施。还应当进一步讨论到我们在基础设施投资当中的一些机遇和挑战，这个机遇和挑战不仅仅只是在对于环境实际的影响，还包括材料或者能源的消耗对基础设施当中的一些影响。还有包括材料能源消耗当中的使用，对于环境的影响。同时，该基础设施也给我们带来很多机会，因为这个基础设施跟公共服务、公共产品相关，这就是我们说的"五个联通"的核心。

　　我们同时看了一下中国的情况，中国在全球有很多的投资，在很多的能

---

　　* 作者简介：WFC 世界未来委员会中国区总监。

源基础上面都是属于领先，所以中国有很多的机会可以融入绿色金融、绿色投资当中。当然我们也还有很多的工作需要进一步解决。我们看到 7 000 个不同的领域，其中有 1 500 个是在受访的区域，这些领域很多时候跟油气的领域是重叠的。还有 20% 保护的区域都是跟非洲油气投资紧密相关，我们还看到现在的情况，包括重叠的领域、一些管道，等等。我们也看了一下未来的走向，这些重叠的部分主要是出现在非洲东部和西部。还有一部分是出现在非洲的南部，在未来还有很多是 AUCN 这样一个区域，这些沿海区域将会有很多关于油气方面的投资将会出现。

我们还讲了几个案例分析，其中一位教授讲到绿色在建设施，比如机场的乘客，每年有 600 万人次的流量。截至 2030 年将会有 2 500 万人次的年流量，所以我们需要建造更多的基础设施去容纳日内瓦机场的容量。这个机场将会加入更多生态化的做法，比如打造东西翼候机楼或者大厅。还有像雨水径流的管理，还有很多其他方面的治理，等等。所以说也是提到了一些很多有益的方法，他用到了智能的或者是水循环的一些环保技术。

还有比如对机场做一些冷却处理等，这样的一个技术是非常有效的，至少比现在的能效提高了 10 倍。所以说从成本上来讲属于非常有效的做法，我们的想法就是我们可以从日内瓦机场进行学习，是什么样的动机促使他们做出能源有效的做法。其实有两个观念，一个就是利益的共享，通过利用这样一个技术或者雨水的管理技术，等等，日内瓦的机场其实可以向市政府或者其他的一些日内瓦区域的场所提供更多的一些利益，所以说这是通过利益共享的方式促进这个项目的建造。还有就是对于环境的影响，因为我们知道在机场会有很多的污染，比如控制污染和噪音污染，所以我们让机场周围的一些利益相关者可以更好从机场的建造当中获得相关的利益，可以更好促进他们项目的实施，这就是我们说的其中一个案例。

另一个案例分析来自清华大学研究所跟我们进行的分享，他主要讲到生态的基础设施。最基础的城市规划中的一个做法，就是引入绿色的发展或者是废物的治理等,他借鉴了北京和世界其他一些案例。比如我们对城市规划当中所设定的一些界限或者是范围,当然这个生态的基础设施其实还是有很多非常好的影响,讲到生态的基础设施在城市规划当中有非常重要的一个作用,比如纽约。在纽约会打造出这样一个体系,对于水的供应系统有很多的投资,比如提供更加清洁的水资源。纽约市政府他们做了这么一个水的循环利用或者再利用或者是水储存这样一个项目,向市民更好地提供清洁的水资源。因为这种做法是有成本效益的,非常容易降低成本,在基础设施投资、"一带一路"投资、传统投资、新兴基础设施投资等方面给我们提供了很好的借鉴。比如像生态基础设施就是一种新型的基础设施,它有可能给我们带来更好的效益和更好的利益。

最后,总结一下我们这场平行论坛嘉宾给我们做的介绍,他给我们分享了环境、社会和经济的基线、"一带一路"国家当中不同的基线的情况。此外,他跟我们分享如何更好提供最好的科技、技术和最佳的实践,这对于我们的规划来说是非常重要的。我们还讨论了很多规划相关的问题,比如说在我们实施计划之前我们要有一个非常战略性的规划,才可以开始进行这样的一个计划实施。这样的规划不应该只是政府或者是公司来实施和制定,更多地需要当地社区和其他利益相关方的参与,之后我们还提到一点就是不要忘记对于生态基础设施的投资。

还要跟大家介绍陈劭峰所提到的建议,我们需要从过去的经验当中学习,我们要避免过去所犯的错误,更好地借鉴过去的经验,我们还要向发达国家学习,因为他们已经有很多可借鉴的经验和规则,可以帮助我们很好进行基础设施的建设。我们还要从现有的一些案例、实践当中去进行学习,而且我们需要将学习到的经验运用到更高的层级和更广的范围。

绿色金融及其发展实践

余晓文[*]

我认为绿色金融这个话题其实是非常特别的主题，在总结我们刚才的讨论之前，我先想跟大家介绍一下为什么讨论绿色金融，我们今天主题都在讨论绿色经济发展，因为现在我们也在做一项研究是面向于在全球范围内来实现可持续发展的目标。我们有 20 多个相应的目标，而且要完成 200 多亿美元在金融方面创造的价值。在两三年前，中国制定了一个目标，即在 2015～2020 年想要每年创造出 3 万亿～4 万亿美元的绿色金融价值，我不知道这是不是真的，如果我说错了，在座的可以纠正。

通过"一带一路"倡议每年在"一带一路"沿线国家的基础设施上的投资会有 1 万亿美元之多，从我们经验来看，如果要研究绿色金融，首先是要了解到我们的目标是什么，离实现绿色增长我们还有多大的差距，我们的起点在哪儿。在谈论到绿色金融的时候，很多人都会问金融就是金融，为什么在前面加上一个绿色。绿色金融的核心是理清绿色增长到底需要多少钱，然后我们怎么样获得这方面的融资、投资。绿色金融是近年来非常重要也是很难探寻的一个主题。中国政府已经将绿色金融放到了整个发展的大纲议程上，

＊ 作者简介：联合国环境规划署高级顾问、可持续金融体系探寻与规划项目负责人。

党中央也提到了关于绿色金融的重要性。我认为绿色金融确实是一个全球性的共识，但是首先中国要在这其中扮演重要的角色，促进绿色金融的发展。不仅要满足自己国家的需求，而且要满足其他国家的需求。

平行论坛上的讨论者共有 4 名，第一位是马可·卡米亚，他是从联合国人居署的角度出发，主要是谈论了中国南部的一些城市的基础设施建设的情况，他举出很多的例子，展现了很好的一些案例分析。不管是在中国的一些发达的城市，还是欠发达的城市的例子都有所提及。其中一个问题是，"一带一路"的发展的重点是在城市层面上还是在乡镇层面上，城市将要怎么样获得相应的投资才能进行相应的绿色发展。这些讨论是非常精彩的，当然我们也不可能马上对某一个问题得到直接的答案。但是最急迫需要回答的问题是在进行绿色增长中我们要提高什么方面的能力是需要考虑的问题。到底进行绿色发展的这个融资资金从哪里来，最终"一带一路"的沿线国家会获得什么样的福利，应该是每一个国家都应该受益，不应该只由牵头国中国获益这么简单。我们可以看一下世界的金融市场，也要看一下"一带一路"沿线国家的金融市场，当然某一个问题可能不是只有一种解决方案，可能有一千种解决方案，但是我们应该找到最佳的解决方案。

第二个进行主题演讲的是蒙古国银行家协会的 CEO，他们最近派出一个代表团去中国进行考察，想要学习中国在绿色增长方面的经验。四年前蒙古国已经加入全世界有效的银行网络，而且提出了一些很有价值的金融倡议和计划，找出他们国家在金融方面还有什么样的需求以及有多大的差距需要填补。对于蒙古国而言，我认为刚才这位来自蒙古国的 CEO 从两个角度分析，想要分析绿色增长蒙古国应该做哪些改变和改进，有哪些地区可以为周边的地区带来益处。

第三位演讲者来自兴业银行，他们在 2008 年的时候加入了资产协会。绿色金融目前还是处于初步阶段，中国目前已经意识到它的重要性，并且制定相应的政策，但是我们接下来就是要付诸实践。他从这个角度进行了讨论，提到了兴业银行怎么样筛选一些绿色金融相应的投资项目。他关于这些投资银行的情况做了非常详细的介绍以及我们出现的问题该如何更好地应对这些问题。尤其是针对那些还没有达成协议的一些操作，我们会确保这个银行会继续遵守原来的这些原则，更好地去加入这个内部的一些操作和决策，去确保整个金融的执行是可行的。最后，我们也是愿意看到更多的商业银行，还有私人投资的中心更好地参与进来，他们也可以寻找更加有用的工具帮助他们做出环境的风险分析。通过这样一些方式或者是方法，银行可以更好地进一步推行他们的融资。

最后，来自人大的曹先生给我们进行了主题分享以及介绍了在中国所发生的绿色金融的情况。尤其是最近这几年当中的一些情况，涉及很多不同的领域，包括银行业、保险业、担保、证券等，比如我们讨论了很多绿色债券，马可·卡米亚就提到，工商银行也在中国推出第一个绿色债券以及我们相应金融方面的工具，可以更好促进金融的发展。

再回到"一带一路"这个主题上，我们最后讨论了相应问题的解决方案。比如金融这个体系，我阐述的不是国际的体系，而是我们如何去实现绿色的体系，绿色的市场是可以更好地应对在不同领域当中的市场，他们如何去应对绿色部门、绿色发展，尤其在不同国家会有一些不同的表现，他们是如何去应对，这是非常系统化的变化。我们如何去适应这样一个变化，然后做出相应的适应策略。很多人都说绿色金融是一个新的金融或者是一种不同的金融，但实际上并不是如此，他其实还是依赖于现有的系统，让它变得更加绿色，确保投资，还有资本的流动可以更加地朝可持续方向发展去移动。所以我们有绿色金融和非绿色金融，我觉得这是一个非常危险的定义，因为这就意味着我们在用传统的金融方式来面对经济的发展和金融方面的投资，比如，有一些高能耗和非常浪费的行业当中，可能就得不到绿色金融的支持，我觉得这并不是我们的目的。我们不是只是去支持可再生能源的发展，我们在这个方向需要更进一步去进行改善，我们也提出两个方法去解决这个问题。

附　录

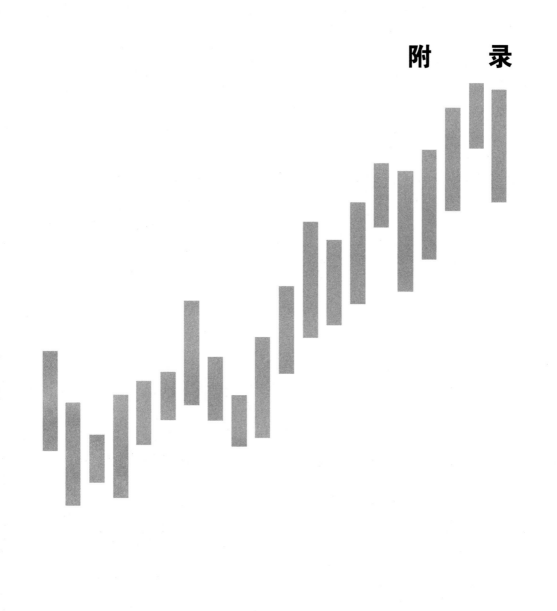

附录一：环境保护部等四部委联合发布《关于推进绿色"一带一路"建设的指导意见》

关于推进绿色"一带一路"建设的指导意见

环国际〔2017〕58 号

推进"一带一路"建设工作领导小组各成员单位：

丝绸之路经济带和 21 世纪海上丝绸之路（以下简称"一带一路"）建设，是党中央、国务院着力构建更全面、更深入、更多元的对外开放格局，审时度势提出的重大倡议，对于我国加快形成崇尚创新、注重协调、倡导绿色、厚植开放、推进共享的机制和环境具有重要意义。为深入落实《推动共建丝绸之路经济带和 21 世纪海上丝绸之路的愿景与行动》，在"一带一路"建设中突出生态文明理念，推动绿色发展，加强生态环境保护，共同建设绿色丝绸之路，现提出以下意见。

一、重要意义

（一）推进绿色"一带一路"建设是分享生态文明理念、实现可持续发展的内在要求。绿色"一带一路"建设以生态文明与绿色发展理念为指导，坚持资源节约和环境友好原则，提升政策沟通、设施联通、贸易畅通、资金融通、民心相通（以下简称"五通"）的绿色化水平，将生态环保融入"一带一路"建设的各方面和全过程。推进绿色"一带一路"建设，加强生态环境保护，有利于增进沿线各国政府、企业和公众的相互理解和支持，分享我国生态文明和绿色发展理念与实践，提高生态环境保护能力，防范生态环境风险，促进沿线国家和地区共同实现 2030 年可持续发展目标，为"一带一路"建设提供有力的服务、支撑和保障。

（二）推进绿色"一带一路"建设是参与全球环境治理、推动绿色发展理念的重要实践。绿色发展成为各国共同追求的目标和全球治理的重要内容。推进绿色"一带一路"建设，是顺应和引领绿色、低碳、循环发展国际潮流的必然选择，是增强经济持续健康发展动力的有效途径。推进绿色"一带一路"建设，应将资源节约和环境友好原则融入国际产能和装备制造合作全过程，促进企业遵守相关环保法律法规和标准，促进绿色技术和产业发展，提高我国参与全球环境治理的能力。

（三）推进绿色"一带一路"建设是服务打造利益共同体、责任共同体和命运共同体的重要举措。全球和区域生态环境挑战日益严峻，良好生态环境成为各国经济社会发展的基本条件和共同需求，防控环境污染和生态破坏是各国的共同责任。推进绿色"一带一路"建设，有利于务实开展合作，推进绿色投资、绿色贸易和绿色金融体系发展，促进经济发展与环境保护双赢，服务于打造利益共同体、责任共同体和命运共同体的总体目标。

二、总体要求

（一）总体思路

按照党中央和国务院决策部署，以和平合作、开放包容、互学互鉴、互利共赢的"丝绸之路"精神为指引，牢固树立创新、协调、绿色、开放、共享发展理念，坚持各国共商、共建、共享，遵循平等、追求互利，全面推进

"五通"绿色化进程,建设生态环保交流合作、风险防范和服务支撑体系,搭建沟通对话、信息支撑、产业技术合作平台,推动构建政府引导、企业推动、民间促进的立体合作格局,为推动绿色"一带一路"建设做出积极贡献。

(二) 基本原则

——理念先行,合作共享。突出生态文明和绿色发展理念,注重生态环保与社会、经济发展相融合,积极与沿线国家或地区相关战略、规划开展对接,加强生态环保政策对话,丰富合作机制和交流平台,促进绿色发展成果共享。

——绿色引领,环保支撑。推动形成多渠道、多层面生态环保立体合作模式,加强政企统筹,鼓励行业和企业采用更先进、环境更友好的标准,提高绿色竞争力,引领绿色发展。

——依法依规,防范风险。推动企业遵守国际经贸规则和所在国生态环保法律法规、政策和标准,高度重视当地民众生态环保诉求,加强企业信用制度建设,防范生态环境风险,保障生态环境安全。

——科学统筹,有序推进。加强部门统筹和上下联动,根据生态环境承载力,推动形成产能和装备制造业合作的科学布局;依托重要合作机制,选择重点国别、重点领域有序推进绿色"一带一路"建设。

(三) 主要目标

根据生态文明建设、绿色发展和沿线国家可持续发展要求,构建互利合作网络、新型合作模式、多元合作平台,力争用3~5年时间,建成务实高效的生态环保合作交流体系、支撑与服务平台和产业技术合作基地,制定落实一系列生态环境风险防范政策和措施,为绿色"一带一路"建设打好坚实基础;用5~10年时间,建成较为完善的生态环保服务、支撑、保障体系,实施一批重要生态环保项目,并取得良好效果。

三、主要任务

（一）全面服务"五通"，促进绿色发展，保障生态环境安全

1. 突出生态文明理念，加强生态环保政策沟通，促进民心相通。按照"一带一路"建设总体要求，围绕生态文明建设、可持续发展目标以及相关环保要求，统筹国内国际现有合作机制，发挥生态环保国际合作窗口作用，加强与沿线国家或地区生态环保战略和规划对接，构建合作交流体系；充分发挥传统媒体和新媒体作用，宣传生态文明和绿色发展理念、法律法规、政策标准、技术实践，讲好中国环保故事；支持环保社会组织与沿线国家相关机构建立合作伙伴关系，联合开展形式多样的生态环保公益活动，形成共建绿色"一带一路"的良好氛围，促进民心相通。

2. 做好基础工作，优化产能布局，防范生态环境风险。了解项目所在地的生态环境状况和相关环保要求，识别生态环境敏感区和脆弱区，开展综合生态环境影响评估，合理布局产能合作项目；加强环境应急预警领域的合作交流，提升生态环境风险防范能力，为"一带一路"建设提供生态环境安全保障。

3. 推进绿色基础设施建设，强化生态环境质量保障。制定基础设施建设的环保标准和规范，加大对"一带一路"沿线重大基础设施建设项目的生态环保服务与支持，推广绿色交通、绿色建筑、清洁能源等行业的节能环保标准和实践，推动水、大气、土壤、生物多样性等领域环境保护，促进环境基础设施建设，提升绿色化、低碳化建设和运营水平。

4. 推进绿色贸易发展，促进可持续生产和消费。研究制定政策措施和相关标准规范，促进绿色贸易发展。将环保要求融入自由贸易协定，做好环境与贸易相关协定谈判和实施；提高环保产业开放水平，扩大绿色产品和服务的进出口；加快绿色产品评价标准的研究与制定，推动绿色产品标准体系构建，加强国际交流与合作，推广中国绿色产品标准，减少绿色贸易壁垒。加

强绿色供应链管理，推进绿色生产、绿色采购和绿色消费，加强绿色供应链国际合作与示范，带动产业链上下游采取节能环保措施，以市场手段降低生态环境影响。

5. 加强对外投资的环境管理，促进绿色金融体系发展。推动制定和落实防范投融资项目生态环保风险的政策和措施，加强对外投资的环境管理，促进企业主动承担环境社会责任，严格保护生物多样性和生态环境；推动我国金融机构、中国参与发起的多边开发机构以及相关企业采用环境风险管理的自愿原则，支持绿色"一带一路"建设；积极推动绿色产业发展和生态环保合作项目落地。

（二）加强绿色合作平台建设，提供全面支撑与服务

1. 加强环保合作机制和平台建设，完善国际环境治理体系。以绿色"一带一路"建设为统领，统筹并充分发挥现有双边、多边环保国际合作机制，构建环保合作网络，创新环保国际合作模式，建设政府、智库、企业、社会组织和公众共同参与的多元合作平台，强化中国—东盟、上海合作组织、澜沧江—湄公河、亚信、欧亚、中非合作论坛、中国—阿拉伯等合作机制作用，推动六大经济走廊的环保合作平台建设，扩大与相关国际组织和机构合作，推动国际环境治理体系改革。

2. 加强生态环保标准与科技创新合作，引领绿色发展。建设绿色技术银行，加强绿色、先进、适用技术在"一带一路"沿线发展中国家转移转化。鼓励相关行业协会制定发布与国际标准接轨的行业生态环保标准、规范及指南，促进先进生态环保技术的联合研发、推广和应用。加强环保科技人员交流，推动科研机构、智库之间联合构建科学研究和技术研发平台，为绿色"一带一路"建设提供智力支持。

3. 推进环保信息共享和公开，提供综合信息支撑与保障。加强环保大数据建设，发挥国家空间和信息基础设施作用，加强环境信息共享，合作建设绿色"一带一路"生态环保大数据服务平台，推动环保法律法规、政策标准

与实践经验交流与分享，加强部门间统筹合作与项目生态环保信息共享与公开，提升对境外项目生态环境风险评估与防范的咨询服务能力，推动生态环保信息产品、技术和服务合作，为绿色"一带一路"建设提供综合环保信息支持与保障。

（三）制定完善政策措施，加强政企统筹，保障实施效果

1. 加大对外援助支持力度，推动绿色项目落地实施。以生态环保、污染防治、环保技术与产业、人员培训与交流等为重点领域，优先开展节能减排、生态环保等基础设施及能力建设项目，探索在境外设立生态环保合作中心。发挥南南合作援助基金作用，支持社会组织开展形式多样的生态环保类项目，服务"一带一路"建设。

2. 强化企业行为绿色指引，鼓励企业采取自愿性措施。鼓励环保企业开拓沿线国家市场，引导优势环保产业集群式"走出去"，借鉴我国的国家生态工业示范园区建设标准，探索与沿线国家共建生态环保园区的创新合作模式。落实《对外投资合作环境保护指南》，推动企业自觉遵守当地环保法律法规、标准和规范，履行环境社会责任，发布年度环境报告；鼓励企业优先采用低碳、节能、环保、绿色的材料与技术工艺；加强生物多样性保护，优先采取就地、就近保护措施，做好生态恢复；引导企业加大应对气候变化领域重大技术的研发和应用。

3. 加强政企统筹，发挥企业主体作用。研究制定相关文件，规范指导相关企业在"一带一路"建设过程中履行环境社会责任。完善企业对外投资审查机制，有关行业协会、商会要建立企业海外投资行为准则，通过行业自律引导企业规范环境行为。

（四）发挥地方优势，加强能力建设，促进项目落地

1. 发挥区位优势，明确定位与合作方向。充分发挥各地在"一带一路"建设中区位优势，明确各自定位。加快在有条件的地方建设"一带一路"环境技术创新和转移中心以及环保技术和产业合作示范基地，建设面向东盟、

中亚、南亚、中东欧、阿拉伯、非洲等国家的环保技术和产业合作示范基地；推动和支持环保工业园区、循环经济工业园区、主要工业行业、环保企业提升国际化水平，推动长江经济带、环渤海、珠三角、中原城市群等支持环保技术和产业合作项目落地，支撑绿色"一带一路"建设。

2. 加大统筹协调和支持力度，加强环保能力建设。推动绿色"一带一路"建设融入地方社会、经济发展规划、计划，科学规划产业空间布局，制定严格的环保制度，推动地方产业转型升级和经济绿色发展。重点加强黑龙江、内蒙古、吉林、新疆、云南、广西等边境地区环境监管和治理能力建设，推动江苏、广东、陕西、福建等"一带一路"沿线省份提升绿色发展水平；鼓励各地积极参加双多边环保合作，推动建立省级、市级国际合作伙伴关系，积极创新合作模式，推动形成上下联动、政企统筹、智库支撑的良好局面。

四、组织保障

（一）加强组织协调。建立健全综合协调和落实机制，加强政府部门之间、中央和地方之间、政府与企业及公众之间多层次、多渠道的沟通交流与良性互动，分工负责，统筹推进，细化工作方案，确保有关部署和举措落实到各部门、各地方以及每个项目执行单位和企业。

（二）强化资金保障。鼓励符合条件的"一带一路"绿色项目按程序申请国家绿色发展基金、中国政府和社会资本合作（PPP）融资支持基金等现有资金（基金）支持。发挥国家开发银行、进出口银行等现有金融机构引导作用，形成中央投入、地方配套和社会资金集成使用的多渠道投入体系和长效机制。发挥政策性金融机构的独特优势，引导、带动各方资金，共同为绿色"一带一路"建设造血输血。继续通过现有国际多双边合作机构和基金，如丝路基金、南南合作援助基金、中国—东盟合作基金、中国—中东欧投资合作基金、中国—东盟海上合作基金、亚洲区域合作专项资金、澜沧江—湄公河合作专项基金等对"一带一路"绿色项目给予积极支持。

（三）加强人才队伍建设。构建绿色"一带一路"智力支撑体系，建设"绿色丝绸之路"新型智库；创新、完善人才培养机制，重点培养具有国际视野、掌握国际规则、熟悉环保业务的复合型人才，提高对绿色"一带一路"建设的人才支持力度。

环境保护部

外交部

发展改革委

商务部

2017 年 4 月 24 日

附录二：环境保护部发布《"一带一路"生态环境保护合作规划》

"一带一路"生态环境保护合作规划

环境保护部

2017 年 5 月

推动共建丝绸之路经济带和 21 世纪海上丝绸之路（以下简称"一带一路"）倡议旨在促进沿线各国经济繁荣与区域经济合作，加强不同文明交流互鉴，促进世界和平发展。自"一带一路"倡议提出以来，"一带一路"建设进展迅速，一批重大工程和国际产能合作项目落地。在生态环保合作领域，中国积极与沿线国家深化多双边对话、交流与合作，强化生态环境信息支撑服务，推动环境标准、技术和产业合作，取得积极进展和良好成效。

为进一步贯彻落实《推动共建丝绸之路经济带和 21 世纪海上丝绸之路的愿景与行动》（以下简称《愿景与行动》）、《"十三五"生态环境保护规划》和《关于推进绿色"一带一路"建设的指导意见》，加强生态环保合作，发挥生态环保在"一带一路"建设中的服务、支撑和保障作用，共建绿色"一带一路"，环境保护部编制《"一带一路"生态环境保护合作规划》。

一、重要意义

(一) 生态环保合作是绿色"一带一路"建设的根本要求

中国高度重视绿色"一带一路"建设。国家主席习近平多次强调，要践行绿色发展理念，着力深化环保合作，加大生态环境保护力度，携手打造绿色丝绸之路。《愿景与行动》提出，在投资贸易中突出生态文明理念，加强生态环境、生物多样性和应对气候变化合作。推进生态环保合作是践行生态文明和绿色发展理念、提升"一带一路"建设绿色化水平、推动实现可持续发展和共同繁荣的根本要求。

(二) 生态环保合作是实现区域经济绿色转型的重要途径

"一带一路"沿线国家多为发展中国家和新兴经济体，普遍面临工业化和城镇化带来的环境污染、生态退化等多重挑战，加快转型、推动绿色发展的呼声不断增强。中国和一些沿线国家积极探索环境与经济协调发展模式，大力发展绿色经济，取得了一些成功经验。开展生态环保合作有利于促进沿线国家生态环境保护能力建设，推动沿线国家跨越传统发展路径，处理好经济发展和环境保护关系，最大限度减少生态环境影响，是实现区域经济绿色转型的重要途径。

(三) 生态环保合作是落实2030年可持续发展议程的重要举措

绿色发展已成为世界各国发展的共识，联合国2030年可持续发展议程旨在共同提高全人类福祉，明确提出绿色发展与生态环保的具体目标，为未来十几年世界各国可持续发展和国际发展合作指引方向。"一带一路"生态环保合作将有力促进沿线国家实现2030年可持续发展议程环境目标。

二、总体要求

(一) 合作思路

牢固树立和贯彻落实创新、协调、绿色、开放、共享的发展理念，秉持和平合作、开放包容、互学互鉴、互利共赢的丝绸之路精神，坚持共商、共建、共享，以促进共同发展、实现共同繁荣为导向，有力有序有效地将绿色发展要求全面融入政策沟通、设施联通、贸易畅通、资金融通、民心相通中，构建多元主体参与的生态环保合作格局，提升"一带一路"沿线国家生态环保合作水平，为实现 2030 年可持续发展议程环境目标做出贡献。

（二）基本原则

理念先行，绿色引领。以生态文明和绿色发展理念引领"一带一路"建设，切实推进政策沟通、设施联通、贸易畅通、资金融通和民心相通的绿色化进程，提高绿色竞争力。

共商共建，互利共赢。充分尊重沿线国家发展需求，加强战略对接和政策沟通，推动达成生态环境保护共识，共同参与生态环保合作，打造利益共同体、责任共同体和命运共同体，促进经济发展与环境保护双赢。

政府引导，多元参与。完善政策支撑，搭建合作平台，落实企业环境治理主体责任，动员全社会积极参与，发挥市场作用，形成政府引导、企业承担、社会参与的生态环保合作网络。

统筹推进，示范带动。加强统一部署，选择重点地区和行业，稳步有序推进，及时总结经验和成效，以点带面、形成辐射效应，提升生态环保合作水平。

（三）发展目标

到 2025 年，推进生态文明和绿色发展理念融入"一带一路"建设，夯实生态环保合作基础，形成生态环保合作良好格局。以六大经济走廊为合作重点，进一步完善生态环保合作平台建设，提高人员交流水平；制定落实一系列生态环保合作支持政策，加强生态环保信息支撑；在铁路、电力等重点领域树立一批优质产能绿色品牌；一批绿色金融工具应用于投资贸易项目，资金呈现向环境友好型产业流动趋势；建成一批环保产业合作示范基地、环境技术交流与转移基地、技术示范推广基地和科技园区等国际环境产业合作平台。

到 2030 年，推动实现 2030 年可持续发展议程环境目标，深化生态环保合作领域，全面提升生态环保合作水平。深入拓展在环境污染治理、生态保护、核与辐射安全、生态环保科技创新等重点领域合作，绿色"一带一路"建设惠及沿线国家，生态环保服务、支撑、保障能力全面提升，共建绿色、繁荣与友谊的"一带一路"。

三、突出生态文明理念，加强生态环保政策沟通

（一）分享生态文明和绿色发展的理念与实践

传播生态文明理念。充分利用现有多双边合作机制，深化生态文明和绿色发展理念、法律法规、政策、标准、技术等领域的对话和交流，推动共同制定实施双边、多边、次区域和区域生态环保战略与行动计划。

分享绿色发展实践经验。归纳总结沿线国家和地区绿色发展的实践经验，呼应绿色发展需求，推广环境友好型技术和产品，推动将生态环保作为沿线国家绿色转型新引擎。

（二）构建生态环保合作平台

加强生态环保合作机制和平台建设。开展政府间高层对话，充分利用中国—东盟、上海合作组织、澜沧江—湄公河、欧亚经济论坛、中非合作论坛、中阿合作论坛、亚信等合作机制，强化区域生态环保交流，扩大与相关国际组织和机构的合作，倡议成立"一带一路"绿色发展国际联盟，建设政府、企业、智库、社会组织和公众共同参与的多元合作平台。

推进环保信息共享服务平台建设。合作建设"一带一路"生态环保大数据服务平台，加强生态环境信息共享，提升生态环境风险评估与防范的咨询服务能力，推动生态环保信息产品、技术和服务合作，为绿色"一带一路"建设提供综合环保信息支持与保障。

（三）推动环保社会组织和智库交流与合作

推动环保社会组织交流合作。积极为环保社会组织开展国际交流与合作搭建平台并提供政策指导。支持环保社会组织与沿线国家相关机构建立合作

伙伴关系，联合开展公益服务、合作研究、交流访问、科技合作、论坛展会等多种形式的民间交往。

加强生态环保智库交流合作。构建生态环保合作智力支撑体系，提高智库在战略制定、政策对接、投资咨询服务等方面的参与度。推进国内和国际智库、智库与政府部门、智库与企业以及智库与环保社会组织之间的生态环保合作，推动科研机构、智库联合构建科学研究和技术研发平台。

四、遵守法律法规，促进国际产能合作与基础设施建设的绿色化

（一）发挥企业环境治理主体作用

强化企业行为绿色指引。落实环境保护部、外交部、发展改革委、商务部共同印发的《关于推进绿色"一带一路"建设的指导意见》，落实商务部、环境保护部共同发布的《对外投资合作环境保护指南》以及 19 家重点企业联合发布的《履行企业环保责任，共建绿色"一带一路"倡议》，推动企业自觉遵守当地环保法规和标准规范，履行企业环境责任。推动有关行业协会和商会建立企业海外投资生态环境行为准则。

鼓励企业加强自身环境管理。引导企业开发使用低碳、节能、环保的材料与技术工艺，推进循环利用，减少在生产、服务和产品使用过程中污染物的产生和排放。在铁路、电力、汽车、通信、新能源、钢铁等行业，树立优质产能绿色品牌。指导企业根据当地要求开展环境影响评价和环境风险防范工作，加强生物多样性保护，优先采取就地、就近保护措施，做好生态恢复。

推动企业环保信息公开。鼓励企业借助移动互联网、物联网等技术，定期发布年度环境报告，公布企业执行环境保护法律法规的计划、措施和环境绩效等。倡导企业就环境保护事宜及时与利益相关方沟通，形成和谐的社会氛围。

（二）推动绿色基础设施建设

推动基础设施绿色低碳化建设和运营管理。落实基础设施建设标准规

范的生态环保要求，推广绿色交通、绿色建筑、绿色能源等行业的环保标准和实践，提升基础设施运营、管理和维护过程中的绿色化、低碳化水平。

强化产业园区的环境管理。以企业集聚化发展、产业生态链接、服务平台建设为重点，共同推进生态产业园区建设。加强环境保护基础设施建设，推进产业园区污水集中处理与循环再利用及示范。发展园区生态环保信息、技术、商贸等公共服务平台。

五、推动可持续生产与消费，发展绿色贸易

（一）促进环境产品与服务贸易便利化

加强进出口贸易环境管理。开展以环境保护优化贸易投资相关研究，探讨将环境章节纳入我国与"一带一路"沿线重点国家自贸协定的可行性。推动联合打击固体废物非法越境转移。推动降低或取消重污染行业产品的出口退税，适度提高贸易量较大的"两高一资"行业环境标准。

扩大环境产品和服务进出口。分享环境产品和服务合作的成功实践，推动提高环境服务市场开放水平，鼓励扩大大气污染治理、水污染防治、危险废物管理及处置等环境产品和服务进出口。探索促进环境产品和服务贸易便利化的方式。

推动环境标志产品进入政府采购。开展环境标志交流合作项目，分享建立环境标志认证体系的经验。推动沿线各国政府采购清单纳入更多环境标志产品。探索建立环境标志产品互认机制，鼓励沿线国家环境标志机构签署互认合作协议。

（二）加强绿色供应链管理

建立绿色供应链管理体系。开展绿色供应链管理试点示范，制定绿色供应链环境管理政策工具，从生产、流通、消费的全产业链角度推动绿色发展。开展供应链各环节绿色标准认证，推动绿色供应链绩效评价，探索建立绿色供应链绩效评价体系。

加强绿色供应链国际合作。积极推进绿色供应链合作网络建设，支持绿色生产、绿色采购和绿色消费，在国际贸易中推行绿色供应链管理。推动建立绿色供应链合作示范基地。加强沿线国家绿色供应链建设工作的交流和宣传，鼓励发布政府间绿色供应链合作倡议。鼓励行业协会、国际商会等组织开展宣传和推广。

六、加大支撑力度，推动绿色资金融通

促进绿色金融政策制定。开展沿线国家绿色投融资需求研究，研究制定绿色投融资指南。以绿色项目识别与筛选、环境与社会风险管理等为重点，探索制定绿色投融资的管理标准。

探索设立"一带一路"绿色发展基金。推动设立专门的资源开发和环境保护基金，重点支持沿线国家生态环保基础设施、能力建设和绿色产业发展项目。

引导投资决策绿色化。分享绿色金融领域的实践经验，在"一带一路"和其他对外投资项目中加强环境风险管理，提高环境信息披露水平，使用绿色债券等绿色融资工具筹集资金，在环境高风险领域建立并使用环境污染强制责任保险等工具开展环境风险管理。

七、开展生态环保项目和活动，促进民心相通

（一）加强生态环保重点领域合作

深化环境污染治理合作。加强大气、水、土壤污染防治、固体废物环境管理、农村环境综合整治等合作，实施一批各方共同参与、共同受益的环境污染治理项目。

推进生态保护合作。建立生物多样性数据库和信息共享平台，积极开展东南亚、南亚、青藏高原等生物多样性保护廊道建设示范项目，推动中国—

东盟生态友好城市伙伴关系建设。

加强核与辐射安全合作。分享核与辐射安全监管的良好实践,积极参与国际核安全体系建设。深入参与国际原子能机构、经合组织核能署等国际组织的各类活动。推动建立核与辐射安全国际合作交流平台,帮助有需要的国家提升核与辐射安全监管能力。

加强生态环保科技创新合作。积极开展生态环保领域的科技合作与交流,提升科技支撑能力。充分发挥环保组织的作用,推动环保技术研发、科技成果转移转化和推广应用。

推进环境公约履约合作。推进相关国家在"一带一路"建设中履行《生物多样性公约》《关于持久性有机污染物的斯德哥尔摩公约》等多边环境协定,构建环境公约履约合作机制,推动履约技术交流与南南合作。

（二）加大绿色示范项目的支持力度

推动绿色对外援助。以污染防治、生态保护、环保技术与产业以及可持续生产与消费等领域为重点,探索制定绿色对外援助战略与行动计划。推动将生态环保合作作为南南合作基金等资金机制支持的重要内容,优先在环保政策、法律制度、人才交流、示范项目等方面开展绿色对外援助,提高环保领域对外援助的规模和水平。

实施绿色丝路使者计划。深化完善绿色丝路使者计划实施方案,以政策交流、能力建设、技术交流、产业合作为主要路线,加强沿线国家环境管理人员和专业技术人才的互动与交流,提升沿线国家的环保能力,提高环保意识和环境管理水平。

开展环保产业技术合作园区及示范基地建设。以企业为主体,推动环保技术和产业合作,开展环保基础设施建设、环境污染防治和生态修复技术应用试点示范。引导优势环保产业集群式发展,探索合作共建环保产业技术园区及示范基地的创新合作模式。

八、加强能力建设，发挥地方优势

加强环保能力建设。充分发挥中国"一带一路"沿线省（区、市）在"一带一路"建设中区位优势，编制地方"一带一路"生态环保合作规划及实施方案。重点加强黑龙江、内蒙古、吉林、新疆、云南、广西等边境省区环境监管和治理能力建设，推动江苏、广东、陕西、福建等省份提升绿色发展水平；鼓励各地积极参加多双边环保合作，推动建立省级、市级国际合作伙伴关系，积极创新合作模式，推动形成上下联动、政企统筹、智库支撑的良好局面。

推动环境技术和产业合作基地建设。在有条件的地方建立"一带一路"环境技术创新和转移基地，建设面向东盟、中亚、南亚、中东欧、阿拉伯、非洲等国家的环保技术和产业合作示范基地；推动和支持环保工业园区、循环经济工业园区、主要工业行业、环保企业提升国际化水平，推动长江经济带、环渤海、珠三角、中原城市群等支持环保技术和产业合作项目落地，支撑绿色"一带一路"建设。

九、重大项目

规划涉及 25 个重点项目，包括政策沟通类 6 个、设施联通类 4 个、贸易畅通类 3 个、资金融通类 2 个、民心相通类 4 个、能力建设类 6 个。

表 1 重大项目分类

类目	序号	项目名称
政策沟通	1	"一带一路"生态环保合作国际高层对话
	2	"一带一路"绿色发展国际联盟
	3	"一带一路"沿线国家环境政策、标准沟通与衔接
	4	"一带一路"沿线国家核与辐射安全管理交流
	5	中国—东盟生态友好城市伙伴关系
	6	"一带一路"环境公约履约交流合作

类目	序号	项目名称
设施联通	7	"一带一路"互联互通绿色化研究
	8	"一带一路"沿线工业园污水处理示范
	9	"一带一路"重点区域战略与项目环境影响评估
	10	"一带一路"生物多样性保护廊道建设示范
贸易畅通	11	"一带一路"危险废物管理和进出口监管合作
	12	"一带一路"沿线环境标志互认
	13	"一带一路"绿色供应链管理试点示范
资金融通	14	"一带一路"绿色投融资研究
	15	绿色"一带一路"基金研究
民心相通	16	绿色丝绸之路使者计划
	17	澜沧江—湄公河环境合作平台
	18	中国—柬埔寨环保合作基地
	19	"一带一路"环保社会组织交流合作
能力建设	20	"一带一路"生态环保大数据服务平台建设
	21	"一带一路"生态环境监测预警体系建设
	22	地方"一带一路"生态环保合作
	23	"一带一路"环保产业与技术合作平台
	24	"一带一路"环保技术交流与转移中心（深圳）
	25	中国—东盟环保技术和产业合作示范基地

十、保障措施

强化组织协调。建立健全综合协调机制，加强政府部门之间、中央和地方之间、政府和企业及公众之间多层次、多渠道的沟通交流与良性互动，分工负责，统筹推进。

加强政策支持。坚持需求导向和目标导向相结合，进一步研究出台一批有针对性政策措施，创新实践方式，完善配套服务，提高对生态环保合作的支持力度。

落实资金保障。加大资金投入力度，保障规划相关工作的资金落实，重点支持生态环保合作基地建设及开展相关示范工程和项目。

抓好跟踪评估。切实推进规划落实，对规划确定的重点措施、工程落实情况进行跟踪分析，加强督促检查，及时开展规划实施情况中期评估，适时提出调整规划、完善措施的建议。

附录三：主（承）办单位领导在绿色丝绸之路国际论坛开幕式上的致辞

在绿色丝绸之路国际论坛开幕式上的致辞

福建师范大学党委副书记　潘玉腾

各位嘉宾，女士们、先生们、朋友们：

大家上午好！

今天，我们与来自海内外的知名专家学者齐聚一堂，共同参加"绿色丝绸之路国际论坛"。在此，我谨代表福建师范大学，向论坛的召开，表示热烈的祝贺！向莅临论坛开幕式的各位嘉宾，表示诚挚的欢迎和衷心的感谢！

"绿水青山就是金山银山"。近年来，绿色发展、生态保护日益成为中国展示给世界的一张新"名片"。2015 年，中国政府发布《推动共建丝绸之路经济带和 21 世纪海上丝绸之路的愿景与行动》，突出生态文明理念，倡导共建"绿色丝绸之路"。2017 年 5 月，习近平主席在"一带一路"国际合作高峰论坛上，又倡议建立"一带一路"绿色发展国际联盟，得到与会国家及联合国环境规划署等机构的支持和参与。同年 10 月刚刚闭幕的中国共产党第十九次全国代表大会强调，要像对待生命一样对待生态环境，推进绿色发展，建设美丽中国。作为中国改革开放的前沿省份、首个国家生态文明试验区，福建紧紧抓住难得历史机遇，切实践行"绿色丝绸之路"倡议，积极推进21世纪海上丝绸之路核心区、国家生态文明试验区建设，着力建设"机制活、产业优、百姓富、生态美"的新福建。

福建师范大学是中国教育部与福建省人民政府共建高校、福建省重点建设的高水平大学，也是中国建校最早的师范大学之一，前身为1907年清朝帝师陈宝琛创办的福建优级师范学堂。长期以来，我校充分利用福建和学校独特优势，主动融入"海上丝绸之路"核心区和生态文明试验区建设，积极开展经济、生态等领域重大现实和前沿问题研究，形成了环境竞争力、低碳经济竞争力、绿色经济竞争力等特色研究方向，先后推出2部《全球环境竞争力报告》绿皮书、4部《中国省域环境竞争力发展报告》绿皮书，在国内外产生广泛影响。本次论坛以"'一带一路'绿色发展的机遇与挑战"为主题，必将为"绿色丝绸之路"的发展凝聚共识、增添动力。我们也将倍加珍惜这次难得的学习机会，积极借鉴吸收各位专家、学者的新理念、新技术，努力推动美丽中国建设，携手打造"绿色丝绸之路"，助推全球生态文明发展。

女士们、先生们、朋友们！明天我校将举行建校110周年庆祝大会，我们诚挚邀请各位嘉宾莅临现场、共襄盛事。"志合者，不以山海为远。"在110周年的新起点上，福建师大期待与海内外高校、机构建立务实紧密的合作关系，携手打造绿色发展共同体，共同为推动全球绿色、低碳、可持续发展，做出新的更大贡献！

在绿色丝绸之路国际论坛开幕式上的讲话

中国生态环境部环境规划院环境政策部主任　葛察忠

尊敬的潘玉腾书记，各位来宾，女士们、先生们：

大家上午好！非常高兴来参加绿色丝绸之路国际论坛，环境保护部、环境规划院作为这次会议的协办方之一，也欢迎大家来福建参加此次论坛。环境规划院是环境保护部直属单位，主要从事环境规划、环境政策、环境项目审查和环境风险损害评估等工作。目前有研究人员260名，我们致力于环境智库建设等，目前在全国的环境智库排名33位左右，在环境战略、环境政策、环境规划等方面发挥着专业优势，为中国的环境保护出谋划策。中国对外投资或投资的环境管理和"一带一路"生态保护和绿色发展是我院近年来关注的重点之一，我们也有幸承担环保部绿色"一带一路"生态环境保护规划，该规划于2017年5月瑞士"一带一路"论坛上发布。

中国福建地处东南沿海，是太平洋西岸海线的南北通道，是公认的海上丝绸之路重要的东方起点，现如今福建也处于在21世纪海上丝绸之路建设核心区，中央出台多项政策支持新福建建设。生态环境优美是福建重要的一张名片，福州作为福建省的省会是我国历史文化名城，近几年被评为"全国文明城市""优秀旅游城市""滨海生态园林城市"等，不仅具有优美的自然风光，更具有深厚的历史文化沉淀。此次会议在美丽的福州召开，我想不仅给大家提供了丰富的历史大餐，大家也可以在会议休闲之余欣赏福州美丽的自然风光，感受福州悠久的文化底蕴。

在这美好的时节，300多位来自各个国家的各界嘉宾齐聚福州，共商"一带一路"建设大计，开展跨国界、跨学科、跨行业的交流，对于进一步凝聚沿线国家共创美好未来的共识具有十分重要的意义。相信经过与会代表嘉宾的共同努力，本次研讨会一定会在促进政策沟通、设施连通、贸易畅通、资金联通、民心相通上贡献更多的智慧，一定能够在携手打造绿色发展之路上提出更多具有创造性和可行性的共识。

希望各位专家、学者、管理人员通过这次会议群策群力，集思广益，共议绿色丝绸之路这一关键问题，相信研讨会成果不仅会对中国绿色发展具有重要推动作用。同时我们也知道绿色发展作为生态文明建设的重要内容，会议成果也必将进一步推进中国生态文明制度建设。希望大家能够充分利用这么好的机会，好好交流，充分发表真知灼见，最后感谢福建师范大学邀请我院协办此次会议论坛，也借此机会祝福福建师范大学建校 110 周年，预祝此次论坛圆满成功，也祝各位专家学者福建之行快乐顺利，谢谢大家！

在绿色丝绸之路国际论坛开幕式上的讲话

联合国环境署驻华代表　张金华

尊敬的潘玉腾教授，尊敬的葛察忠教授，尊敬的各位来宾、女士们、先生们：

大家早上好！我非常荣幸代表联合国环境规划署作为这次论坛的协办单位之一，在山清水秀的福州欢迎各位参加绿色丝绸之路国际论坛。这次论坛的主办是作为福建师范大学校庆期间的特别活动之一。在此我首先想对主办方福建师范大学自建校 110 周年以来在科学研究和人才培养方面取得的巨大成就表示中心的祝贺！也感谢主办方和协办单位，特别是福建师范大学经济学院，中国（福建）生态文明建设研究院黄茂兴院长、教授，对论坛的准备和组织给予的巨大支持。

这次论坛聚集了数百位国内外知名环境经济学家和政府机构代表，将围绕"一带一路"倡议下的绿色发展机遇与挑战这一主题，推进绿色"一带一路"建言献策，特别是如何更好推进沿线国家的绿色包容性发展。并落实联合国 2030 年可持续发展议程，联合国环境署作为牵头机构，共同推动绿色"一带一路"这一议题上，已经与中国政府环境保护部达成了合作意向，全力推动"一带一路"绿色联盟的倡议。并促进国际和区域层面关于绿色投资、绿色融资、绿色产业技术的交流和支持分享的平台。

福建是古代海上丝绸之路的东方源头，也是新时代生态文明最早的践行者，在这样一个历史文化与现代文明交相辉映的地方举行这个会议，一定会取得与历史和现实相呼应的良好成果。为此，我期待着在这次论坛上聆听各位专家们的学术分享和讨论，为绿色"一带一路"的推进带来有益的启发。祝大会圆满成功，谢谢！

在绿色丝绸之路国际论坛开幕式上的讲话

中智科学技术评价研究中心理事长　李闽榕

尊敬的各位领导、各位嘉宾，女士们、先生们：

大家上午好！在福建师范大学迎来 110 周年华诞之际，来自世界各地的专家学者们在这里齐聚一堂，隆重举行"绿色丝绸之路国际论坛"，为这所百年老校学术的开放性和包容性描上了浓墨重彩的一笔。在此，我谨代表协办单位之一——中智科学技术评价研究中心对论坛的召开表示热烈的祝贺！向出席会议的各位嘉宾表示诚挚的欢迎！也向福建师范大学 110 周年华诞表达深切的祝福。

近年来，从中国共产党的十八大首次提出"美丽中国"、将生态文明纳入"五位一体"总体布局，到"青山绿水就是金山银山"的理念走进联合国，生态文明建设被提升至前所未有的高度。国家主席习近平多次在国际重要场合强调建设生态文明、维护生态安全的重要性，并着眼于全人类福祉和世界永续发展，将构筑尊崇自然、绿色发展的生态体系作为打造人类命运共同体的重要实现路径之一。不仅深刻地揭示了人类携手共同应对生态环境问题的必要性，而且也是中国对世界前途和自身道路的一种战略判断和战略选择，是中国对世界发展的重要贡献。

古代丝绸之路曾是文明发展的兴盛之路，然而生态环境的恶化隔断了文明的交融与传承，如今，"一带一路"沿线的许多国家，仍然面临着资源短缺、生态脆弱等问题，合作项目也存在着潜在的生态风险。"一带一路"倡议的提出，不仅架起了全球经贸合作的新桥梁，也成为不同国家文明交流的新纽带，加快中国生态文明理念的对外传递。2016 年 6 月 22 日，国家主席习近平在乌兹别克斯坦最高会议立法院演讲时强调，我们要着力深化环保合作，践行绿色发展理念，加大生态环境保护力度，携手打造"绿色丝绸之路"。2017 年 5 月 14 日，习近平在"一带一路"国际合作高峰论坛开幕式上又指出"我们要践行绿色发展的新理念，倡导绿色、低碳、循环、可持续的生产生活方式，加强生态环保合作，建设生态文明，共同实现 2030 年可持续发展目标"。可见，绿色丝绸之路建设内涵十分丰富，站位十分高远，这是对全球环境治理模式的有益探索与积极实践，是维护全球生态完全、造福人类、打造人类命运共同体的千秋伟业。建好绿色丝绸之路需要各国包容互鉴、鼎力同心，也需要各国专家学者们出谋划策、建言献智，今天，举办这样一个国际论坛正是为各国专家学者们思想交流搭建了重要平台、意义重大。

科技创新是实现绿色发展的根本性措施，是实现绿色制造的必由之路，也是推进智慧与绿色融合发展的必然要求。绿色发展需要将科技创新的理念、方法和成果应用于绿色发展，显著提升绿色发展的质量和效率；科技创新也要顺应绿色创新的发展潮流，在更高层次上促进绿色发展，努力抢占绿色科技的制高点，持续增强绿色发展竞争力，不断开创绿色发展的新局面。科技评价作为促进科技成果转化的重要手段，能够为促进科技创新与绿色发展深度、高效融合做出重要贡献。

福建山清水秀、天蓝海碧，生态环境良好，是古代海上丝绸之路的重要起点和发祥地，现在正全力打造 21 世纪海上丝绸之路核心区。同时福建山海资源丰富、森林覆盖率连续多年居全国首位，是全国首批国家生态文明试验区，国家主席习近平曾经指出："生态资源是福建最宝贵的资源，生态优势是福建最具竞争力的优势"。在生态文明建设中，福建积累了许多经验，也创造了一些享誉海内外的优秀典型。希望通过这次会议，大家融通睿智、相互交流，在推进绿色"一带一路"中做出应有的贡献。

附录四：主（承）办单位代表在绿色丝绸之路国际论坛闭幕式上的发言

在绿色丝绸之路国际论坛闭幕式上的发言

联合国环境署高级经济学家　盛馥来

我认为这次国际论坛获得了国际各界的关注，首先我们刚开始是收到了两份视频演讲，一个视频来自联合国副秘书长，另一个是来自联合国欧洲经济委员会执行秘书的视频。在中国举行的论坛中很少能够收到两位来自联合国副秘书长同时发来视频讲话的情况，另外本次论坛也有很多国际组织的专家出席，我们也有来自很多国家的代表出席了本次论坛。所以我认为这是一次真正的国际论坛，这就是我的闭幕致辞，我的观察就是这个论坛真的很国际。

莫汉·穆纳辛格教授虽然不在这里了，但他的演讲是整个论坛的亮点之一，因为我认识他几十年时间了，他是将"一带一路"倡议放在全球的角度来观察的，他也提到在"一带一路"倡议的执行过程中会遇到各种各样的问题，比如说他提到了生态的脚印，也提到了气候变化问题，还有碳排放以及能源消耗的模式，等等，他说人类会遇到各种各样的问题和挑战。他在演讲中也提到，如果我们现在就采取行动的话，可以在将来以一种更加综合的方式解决问题，我们现在还是有希望的。他也提出了一个术语，可持续经济学，是有关于可持续发展的，他也在演讲中提到可持续经济学的意义是"平衡包容绿色增长"（BIGG）。最后他在演讲中提到"一带一路"项目，应该是基于"平衡包容绿色增长"的，这样才能够帮助"一带一路"国家对抗解决问题。依靠这样的方法不仅能够解决多重挑战，而且"一带一路"倡议也能够促进全球的生态文明建设，在国际层面上达到这个效果。他也提到年轻人的重要性，因为年轻人就是我们的未来。这就是为什么我说莫汉·穆纳辛格教授的演讲在我们这两天会议研讨当中是一个亮点。

在昨天的讨论中，我们也指出了几大重点。其中一点就是绿色的"一带一路"或者是对于绿色"一带一路"的追求，必须考虑以下几个方面，比如国家的实际情况，而且我们没有放之四海皆准的做法，不同的国家都有不同的情况，也存在不同的发展阶段，不同的发展程度。与此同时，指出了我们还要去考虑"一带一路"国家的国情，我们需要进一步促进并建立一系列的标准和原则，这样所有的国家都可以参考。我们也接纳区别和差异，但是我们必须有一些可以参考的原则和标准。福建师范大学在这方面也获得了很多的成就，比如说环境竞争力的分析和报告，根据这样一个指标，我们就可以将不同国家的差异考虑在内。同时还要有一些放之任何国家都适用的指标。

还有一点是大家在演讲当中提到的，执行"一带一路"倡议，因为涉及的国家非常多，项目非常多，问题也非常多，其实执行起来是非常困难的。这是一个雄心勃勃的倡议，但是要做到绿色的"一带一路"可能就比我们前面说的要更加困难。我们也是听到很多国家，很多演讲者的分享，很多国家其实需要更高超的一些技术去执行"一带一路"倡议。很多过去的技术是不足以达到这样一个目标的，所以我们需要有一些更高的标准。那些国家也是非常欢迎这些高技术的投资或者项目，所以说绿色"一带一路"真的是非常的困难。

我们还有更加宏伟的一些目标，就是要打造一个人类命运共同体，这是更有挑战的一项任务。我们在努力建造绿色"一带一路"，我们要从过去的一些类似案例中吸取经验。一方面我们要避免我们的项目只锁定基础设施，我觉得基础设施不是一两年就能建造完的，是需要多年的时间来完成的。在设计的层面上，我们应该考虑到我们如何不是只局限于过去的技术，只局限于基础设施的建设，这也是我们需要考虑到的。我们的基础设施应该和我们的可持续发展目标吻合，包括各个国家在《巴黎协定》上所做的承诺，这些都需要与我们的目标，与我们的基础设施建设吻合起来。我们还要从过去的经验当中去学习，我们将那些有污染的工业从一个地方转移到另一个地方，我们要避免污染的迁移。同时，还要注意到的一点就是有毒资产要小心地处理，这些必须锁定在当地，因为如果不锁定的话，就会导致碳排放不断地增加和迁移。这些都能够使我们更好地明白如何在未来"一带一路"的项目当中去执行。

还有一点我们讨论当中也有提到的中国政府在绿色"一带一路"的建设中是非常积极的，他们也做出了承诺，而且是由最高的领导层，由中国的国家主席作出的承诺。"一带一路"必须是绿色的，所以这是一大好消息。还有政府的政策，还有一些参考指南，很多都是跟"一带一路"相关的，不仅仅是国家层面上的承诺，也是一个全球性的承诺，也是我们一个非常好的指南，更好地帮助我们促进绿色"一带一路"的建造。这些指南需要"一带一路"当中的项目去考虑到当地的环境情况，也就是项目落地的国家或者地区的环境情况。这些指南也要求"一带一路"的项目也要遵守当地的一些法律法规，这个指南还要求我们需要对环境的影响作出评估。比如说油、气的管道，经常会跨越很多不同的国家和地区，会涉及当地的环境，所以我们要对这样的环境影响作出评估。我们在考虑到这个评估之后，根据评估结果更好地进行管道的设计。

从中国的角度来说，环境上的合作应该是"一带一路"不可缺少的考虑因素，也就是说"一带一路"不仅仅只是在公路、基础设施这些上面的项目，更加应该是涉及环境、人和人之间的交流，还有能力建设、知识分享、共享，等等。所以说加入环境因素的考虑就会更好地帮助我们减少环境风险。还有一点，我们知道很多国家都是在"一带一路"沿线上的，他们面临很多的挑战，包括环境挑战。这些国家很多是拥有着非常脆弱的生态系统，很容易遭受气候变化的影响，绿色"一带一路"也就是为他们提供了这样的绿色机会，让这些国家可以更好地去解决气候变化方面的挑战。绿色"一带一路"所带来的机遇可以帮助沿线的国家更好地解决这些问题。其中包括：共享绿色发展的理念和生态建设，不仅仅是理念上，还包括实践上。例如，中国在绿色金融方面是引领者的角色，这样的做法或者这样的绿色金融的概念，可以与其他的国家包括"一带一路"沿线国家进行分享。中国有些方面的环保技术也是非常领先的，包括太阳能、风能、电子移动、电动汽车等。这些技术可以更好地传授或者介绍给"一带一路"国家，这样这些国家就可以更好地依赖这些清洁的技术。还有很多其他的机会，我们通过环境上的合作，可以增强"一带一路"国家的能力建设，更好地管理他们的环境，包括通过合作、交流、访问、培训可以实现。此外，我们还可以让私营企业参与到这些项目当中，可以让企业更加的负责任，更有社会责任感，也可以促进信息的披露。所以说这点是非常重要的。

还有来自哈萨克斯坦的朋友，他说绿色"一带一路"也可以促进这些国家进行改革，让这些国家可以更好地结合更多的活动，例如，更好递降他们的发展与低碳经济、可持续发展等一些倡议或者活动结合在一起。也提供了这些国家更好地去将各种不同的活动和倡议结合在一起，实现他们国家向绿色发展转变。还有一点，为了促进实现绿色"一带一路"，有一点我们必须要谨记，就是要充分利用现有国际环境的协议，还有一些法律的文书，并不意味着"一带一路"国家要去签署这些协议或者文书，而是让"一带一路"

国家可以更好地了解与环保相关的信息。例如，由欧洲经济委员会举办的会议或者论坛，可以有更多的公众参与到决策当中。不是所有的国家都是这些公约的缔约国，也没有这么多"一带一路"的国家是这些文件的缔约国，但是这些国家也可以鼓励他们更好地采取公约当中罗列出的条款或者要求。例如，跟信息披露相关的要求或者规则是可以采用的。还包括对于环境标准公共的承认，可以更好地在他们的环境产品和服务领域当中采用这样的标准。进行好的实践，并不是说只是政府的责任，也应该是企业的责任，也是其他组织机构的责任。

为了更好地实践，我们的能力建设是非常重要的，所以说很多机构都可以提供这样的能力建设。不仅仅只是来自国际上的组织，或者是来自政府，我觉得非政府组织他们也可以很好地促进能力建设，促进整个项目、整个环境的能力建设。还有一点，能力建设可以来自中国政府的支持或者中国机构的支持，但是"一带一路"国家他们也应该更加积极去采取绿色经济、绿色发展的原则。换句话说，促进绿色"一带一路"的动力不应该只是来自中国这个"一带一路"的发起者，这个驱动力应该也来自"一带一路"国家自身。

除了政府和企业的努力外，我们还需要非政府组织、媒体、学术机构，比如像福建师范大学，这些所有的参与者都是非常重要的。我们不是只是观察者，我们应该是参与者、实行者。就像在前面看到的案例研究当中，比如IPE或者全球环境研究所（GEI）都有提到这点，他们不是观察者，他们本身也是在采取行动的。比如像IPE他们就采取了行动，促进信息的披露，提供更好的信息渠道，让公众可以获得这些信息，我觉得这个是非常好的做法，促进绿色"一带一路"的建设。还有比如像GEI他们其实都是脚踏实地的，不仅仅是在中国，他们还在其他国家有展开项目，比如说在缅甸他们也有项目，他们还要去到非洲等其他国家去做一些针对本地开展的一些项目。他们不仅仅只是站在一旁旁观的观察者，同时也非常努力地去做一些改变，也让其他人去做出改变。

当然，我们对于一些很好的实践，比如今天下午我们也听到了这样的分享，有些模式可以更好地借鉴到"一带一路"国家，如何可以带出到中国以外的地方，等等。为了实现以上这些目标，我们需要关注交流的有效方式，今天下午我们也是听到了大家的分享。我们如何确保可以更好地进行有效地沟通，通过用当地的语言进行沟通，我们知道"一带一路"当中有很多不同的国家，他们的文化是非常多元的，他们说的是不同的语言，不是每个国家都说英语的。因此我们可以根据当地的文化更好地定制我们的语言和交流内容，我认为这些都是我们在过去几天当中至少是我吸收到的有益的观点和做法。这些观点只是其中的一部分并不是全部，我希望这些观点至少可以体现出过去几天当中至少 85% 的内容提要。

在我将话筒交给下一个演讲者之前，我要感谢主办方成功主办这次论坛，非常感谢福建师范大学的黄茂兴院长。我觉得这是一个非常好的机会，可以更好地了解和参与到"一带一路"。同时对于联合国环境署来说也是非常好的一个机会，我们也是在不断地追求"一带一路"的一些做法。

在绿色丝绸之路国际论坛闭幕式上的发言

中国（福建）生态文明建设研究院执行院长、
福建师范大学经济学院院长　黄茂兴

此时此刻，我的心情真是感慨万千，经过前期的筹备和这两天会议的成功举行，让我们觉得能够把这样一个理念，把这次绿色丝绸之路国际论坛圆满顺利地完成，真的让我非常感动，也非常感慨。在这里我想表达以下几层意思：我觉得非常荣幸，今天上午福建师范大学举行 110 周年华诞的庆祝大会。在这次庆祝大会上标题就是"绿色丝绸之路国际论坛暨福建师范大学 110 周年庆祝大会"，能够作为我们学校今天有 3 000 多人参加的庆祝大会的标题，这是非常荣幸的。我在福建师范大学学习工作20年，我为母校110周年校庆能够承办这样的会议作为110周年献礼感到荣幸。我认为我们这次会议的成功举行，特别要感谢两个环境规划署，感谢盛馥来先生对这次会议的帮助，他从策划、协调、沟通包括邀请的国际国内嘉宾，以及对整个会议的成功举行应该说做出了最大的贡献，在这里我也建议大家用掌声送给盛馥来先生。

感谢在这次会议当中做出很多默默贡献的，包括刚刚赶去机场的顾蓓蓓女士，她在整个会议过程中做了大量的协助工作，她的协调能力也让我敬佩。特别感谢这次来自世界各个国家的包括各个国际组织的，还有国内各个单位的与会嘉宾。可以说会议到今天能够圆满举行，没有大家的积极参与，没有大家对我们这个会议的关注和支持，也不可能有这次会议的成功举行。我非常荣幸地告诉大家，我们在这两天的会议当中，已在国内外产生了很大的反响，今天早上就收到盛馥来先生所在联合国环境规划署的新闻司作的新闻通稿，国内这两天各大主流媒体也纷纷报道了我们这次会议盛况。我想说没有大家积极的参与和对会议贡献的智慧，也绝不可能有会议的成功举行。这里特别感谢大家！我们还特别感谢为会议做出贡献的很多工作人员，包括我们的志愿者，还有福建师范大学经济学院的老师和整个行政系统的工作人员，他们在会议幕后做了大量的工作。

我想表达的第三个意思是我们通过这两天的会议让我们学习了很多，大家知道推进绿色"一带一路"倡议，特别在2017年5月国家主席习近平在"一带一路"国际合作高峰论坛上提出要推动绿色"一带一路"，要把"一带一路"建设成绿色丝绸之路。在两天的研讨中，很多专家都提到"一带一路"沿线国家和地区资源禀赋和发展能力，整个理念政策都有很大的差异。如何把绿色发展的理念植入"一带一路"倡议当中，这需要我们各个方面进行深入的研究和研讨。我想说经过这两天我们通过对绿色发展政策的研讨，对绿色基础设施的研讨，对绿色金融包括对绿色产业的研讨，应该说为今后中国政府在推进绿色"一带一路"发展中提供了有益的政策指导。

我们大家的智慧一定会为我们开辟一个新的绿色"一带一路"的愿景，我相信这次会议就是一次非常重要的思想盛宴。经过这些年的发展，特别是党的十八大以来，中国政府高度重视生态文明，应该说我们的绿色"一带一路"跟中国的生态文明建设，包括《巴黎协定》所确定的"2030年可持续发展目标"，通过这次举办绿色丝绸之路国际论坛，能够把我们的倡议上报给国家的相关部门，能够为加快推进绿色"一带一路"做出更大的贡献。

经过这次会议的研讨，应该说让我们看到推进绿色"一带一路"建设和研讨，这是一个非常重要的议题。同时也让我们看到推进绿色"一带一路"构想还有很长的路要走，我们也希望能够把研讨的机制包括"绿色丝绸之路国际论坛"这样一个平台能够持续推动下去。我们在这里面也希望把它作为常设性的论坛，这里面我们也会做进一步协调和沟通工作。我们希望把这个论坛考虑以后在"一带一路"沿线节点国家或者重点区域每年举办这样的论坛，不断来推进绿色"一带一路"，不断跟踪"一带一路"建设当中的绿色发展的整个成效，以及对绿色发展能力的评估。我觉得这样才能把我们发起这样一个论坛能够取得更延续的发展成效，这也是我们希望能够通过大家的共同努力，达到更美好的目的，取得更好、更完善的智慧成果。

最后我想说，我们很多专家今天下午和明天就要返程了，在这里我也代表主办方祝愿我们各位领导、嘉宾返程一路平安，祝大家各方面都顺利平安，谢谢大家！

"绿色丝绸之路国际论坛"正式圆满闭幕，再次感谢大家！谢谢！

附录五：媒体聚焦报道"绿色丝绸之路国际论坛"盛况

聚智合力　推动世界绿色发展[*]

—— 来自"绿色丝绸之路国际论坛"的智库声音

【会议传真】

为共商"一带一路"绿色发展大计，2017 年 11 月 17～18 日，"绿色丝绸之路国际论坛"在福州举行。论坛由福建师范大学主办，环保部环境规划院、联合国环境规划署、光明日报智库研究与发布中心、中智科学技术评价研究中心协办。来自联合国机构、世界贸易组织、经济合作与发展组织、世界自然基金会等国际组织，以及国务院发展研究中心、中国人民大学、同济大学、英国约克大学等单位的 100 多位国内外专家学者，围绕"'一带一路'绿色发展的机遇与挑战"这一主题，展开深入探讨，提出方案建议。

正如联合国副秘书长埃里克·索尔海姆指出："绿色'一带一路'将成为推动世界绿色发展的重要手段。"论坛上，大家认为，"一带一路"建设，

---

* 资料来源：《光明日报》2017 年 11 月 23 日 15 版。

需要走绿色之路；中国绿色发展的理念，也必将随着"一带一路"倡议传播到世界各地，对全球可持续发展产生深远影响。

"中国担当了领路人的角色"

"一带一路"倡议一直带着浓厚的"绿色"印迹。

2015年3月，《推动共建丝绸之路经济带和21世纪海上丝绸之路的愿景与行动》明确指出："在投资贸易中突出生态文明理念，加强生态环境、生物多样性和应对气候变化合作，共建绿色丝绸之路。"2016年6月，习近平主席在乌兹别克斯坦最高会议立法院演讲时强调，"着力深化环保合作，践行绿色发展理念，加大生态环境保护力度，携手打造'绿色丝绸之路'"。2017年4月和5月，中国相继发布《关于推进绿色"一带一路"建设的指导意见》和《"一带一路"生态环境保护合作规划》。

"中国的'一带一路'倡议，必将把发展中国家带入'平衡包容、绿色增长'的快车道。我们非常希望习主席提出的这个倡议以及联合国'2030年可持续发展愿景'能够帮助发展中国家在各个层面上获得进一步发展。"联合国政府间气候变化专门委员会原副主席、现任斯里兰卡总统专家委员会主席莫汉·穆纳辛格表示。

联合国副秘书长、联合国环境规划署执行主任埃里克·索尔海姆在祝贺视频中表示："在推动绿色发展成为国际共识这一方面，中国担当了领路人的角色。"

中智科学技术评价研究中心理事长李闻榕表示，中国始终强调建设生态文明和维护生态安全的重要性，并将其作为打造人类命运共同体的主要路径。"这不仅深刻揭示了人类携手共同应对生态环境问题的必要性，也是中国对世界前途和自身道路的一种战略选择，是中国对世界发展的重要贡献。"

"绿色发展才能带来美好明天"

古代丝绸之路曾经是文明发展的兴盛之路。但因为生态环境的恶化，沿线各国文化和经济的交流交融曾被阻断。历史的教训需要铭记，迫在眉睫的现实挑战更需要清醒认识、勇敢面对。

"'一带一路'沿线多为发展中国家，多为发展方式粗放区、生态环境脆弱区，资源环境的压力高于世界平均水平。"中国—东盟环境保护合作中心副主任张洁清指出。

环保部环境规划院战略部主任葛察忠表示："'一带一路'沿线相当一部分区域为干旱和半干旱的草原、荒漠和高海拔生态脆弱区，气候干燥、降水量少。同时，沿线国家普遍面临来自全球工业化转移带来的环境污染和生态退化等挑战。"

学者们认为，当前，"一带一路"沿线环境统筹调控管理机制尚未形成，还缺乏行之有效的环境和社会管理模式、行为规范和操作标准，用于各大经济走廊环境保护方面的人力、财力与机制尚未建立健全。在如此严峻的挑战面前，"一带一路"的绿色发展显得尤为迫切和重要。

联合国副秘书长、联合国欧洲经济委员会执行秘书长奥尔加·阿尔加耶罗瓦在祝贺视频中表示："绿色'一带一路'倡议，将为实现全球可持续发展目标带来巨大潜力和贡献。"

国际欧亚科学院院士、科技部中国科学技术交流中心副主任赵新力认为："只有绿色的可持续发展，才能带来持久的美好明天。"

"加强制度创新 夯实民意基础"

对于如何构建绿色"一带一路"，中外专家学者纷纷出谋划策、贡献才智。

福建师范大学经济学院院长、中国（福建）生态文明建设研究院执行院长黄茂兴认为："应推进'一带一路'沿线国家与中国现有的11个自贸区加强战略对接，为'一带一路'的绿色发展制度创新提供平台基础。"

绿色"一带一路"建设也有助于推动沿线国家环保需求与供给对接。张洁清表示："绿色'一带一路'可以推动区域绿色金融的发展，为沿线各国发展的资金保障做出贡献。同时，可以鼓励沿线国家加强生态环保标准与科技创新合作，促进技术传播和推广，通过推行低碳环保技术促进绿色基础设施建设。"

可持续发展咨询研究院麦克·欧斯莱博士表示，绿色"一带一路"建设要关注创造其他社会及经济效益，比如消除贫困、促进社会公平、创造就业、提升当地劳动力职业技能。福建师范大学经济学院副教授李军军认为，绿色"一带一路"建设应该引入环境竞争力指数，以达成改善环境和发展经济的双赢目标。

中国环保产业协会信息部主任李宝娟建议，促进国际产能合作与基础设施建设的绿色化，发挥企业环境治理主体作用，鼓励企业加强自身环境管理，推动企业环保信息公开。来自斯里兰卡的朱拉尼·安达拉亚卡博士认为，在绿色"一带一路"建设中，数据和信息方面的沟通十分重要，公共部门与民众之间应该加强沟通，分享这些信息，以增进各方面对"一带一路"的理解和支持。

推进绿色"一带一路"建设落到实处[*]

2017年11月17~18日，由福建师范大学主办的"绿色丝绸之路国际论坛"在福州举行。中外专家学者围绕推进绿色一带一路建设的绿色政策沟通、绿色基础设施联通、绿色贸易畅通、绿色环境产业投资、绿色金融、绿色能力建设等话题展开讨论。

推动全球绿色发展

联合国副秘书长、联合国环境规划署执行主任埃里克·索尔海姆（Erik

---

* 资料来源：《中国社会科学报》2017年11月20日。

Solheim）在给此次论坛发来的视频演讲中提出，绿色"一带一路"意味着引导绿色投资投向太阳能等新能源技术而非煤炭等传统能源，也意味着在保护自然的前提下建设环境友好型的基础设施。绿色"一带一路"将成为推动全球绿色发展的重要手段。在绿色交通及基础设施方面，中国企业正在积极提供解决方案。他还提到，绿色"一带一路"离不开互学互鉴、开放共享的精神。我们提倡中国与世界其他国家互相学习，借鉴好的经验和做法。

联合国欧洲经济委员会执行秘书长奥尔加·阿尔加耶罗瓦（Olga Algay-erova）在视频中谈到，近年来中国与联合国欧洲经济委员会之间的合作发展迅速。今年欧洲经济委员会与中国国家发改委共同发起了"公私伙伴关系"全面能力建设计划，这样的合作将有助于推动全球可持续发展目标的实现。

绿色发展需要适宜协调行动

联合国政府间气候变化专门委员会（IPCC）原副主席、斯里兰卡总统专家委员会主席莫汉·穆纳辛格（Mohan Munasinghe）表示，目前全球发展面临资源短缺、贫困、不平衡、贸易壁垒、气候变化等严峻挑战；同时还存在国际社会对可持续发展的强烈需求与相关应对决策力、领导力偏弱等矛盾。因此，需要从全球视角增强共识、加强合作，共同应对种种挑战。

国务院发展研究中心原副主任卢中原提出，绿色发展的实质就是要构建低碳、和谐、高效、生态与社会可持续的模式，"一带一路"沿线大部分国家是中低收入国家，面临着资源环境保护和生态可持续的压力。因此，绿色发展要注重符合国情。一是要注意各国的资源禀赋条件，中国及其他"一带一路"发展中国家不能脱离国情片面强调低碳，如不能盲目搞煤变油等。二是不能脱离发展阶段盲目强调绿色，如中亚国家生态脆弱，特别需要强调人与自然的和谐，资源开发与增长要以资源承载力为基础。三是绿色发展要选对发展机制。市场机制的最大缺陷是负外部性，投资商唯利是图，宏大公益项目个体无法解决，需要政府调节和干预、解决市场失灵，但又不能过度干预，因而，需要政府与市场协调配合。

联合国环境规划署中亚区域环境中心高管沙尔塔纳娜特·扎克洛娃（Saltanat Zhakenova）认为，中亚地区国家政府和居民传统上比较重视生态环境保护，建设重大基础设施项目和其他投资活动一定要从当地环境承载力着眼，至少保证不会使生态环境趋于恶化。这样才能保证相关项目顺利实施。

采取切实行动注重实效

落到实处是相关国家在推进绿色"一带一路"建设中需要注意的问题。经合组织国际关系秘书处战略伙伴关系及新倡议部门主管艾琳·霍斯（Irene Hors）在发言中表示，将亚洲与欧洲的基础设施联通起来非常重要，更为重要的是，在绿色丝绸之路建设方面采取坚决的行动。政府需要采取切实有力的措施调节化石能源适度开发和降碳改造，以保证环境绿色。信贷投资也应体现绿色支持导向和作用，目前迫切需要提高绿色信贷占比。同时，相关政府还需要依据《2030年联合国可持续发展纲要》中提出的绿色可持续发展的目标和规划要求，设计更好的环境监测指标，并加强国际合作。

福建师范大学经济学院院长、中国（福建）生态文明建设研究院执行院长黄茂兴表示，推动绿色丝绸之路建设，需要内外兼顾、多措并举，扩大内部开放，推进外部合作，营造和平共处、包容共赢的和谐氛围，提升"一带一路"沿线国家合作的预期和绿色包容可持续发展的信心。具体可将"一带一路"基础设施建设与自贸区建设等结合起来，融合发展。

中国环境保护部环境规划院环境政策部主任葛察忠提出了几点具体实施意见。他强调，在推进"一带一路"绿色发展过程中，需要沿线各国增强共识，突出生态文明理念，加强生态环保政策沟通；遵守法律法规，促进国际产能合作与基础设施建设的绿色化；推动可持续生产与消费，发展绿色贸易；加大支撑力度，推动绿色资金融通；开展生态环保项目和活动，促进民心相通；加强能力建设，发挥地方优势。

来自联合国环境规划署、联合国人居署、世界贸易组织、联合国欧洲经济委员会、经济合作与发展组织、世界自然基金会等机构的专家，以及来自德国、菲律宾、缅甸、孟加拉国、哈萨克斯坦和斯里兰卡等国的专家学者、国内相关政府部门官员、科研院所学者等 100 多人出席了论坛。

绿色丝绸之路国际论坛：聚焦"一带一路"城市绿色发展[*]

近日，由福建师范大学主办，中国环境保护部环境规划院、联合国环境规划署、光明日报智库研究与发布中心、民政部中智科学技术评价研究中心参与协办的绿色丝绸之路国际论坛在福建省福州市举行，上百位国际国内知名环境经济学家参加论坛，共同论道"一带一路"城市绿色发展。

合作共建绿色丝绸之路

要建设绿色"丝绸之路"，其沿线国家的合作自然必不可少。

联合国副秘书长、联合国欧洲经济委员会执行秘书长奥尔加·阿尔加耶罗瓦女士专门给论坛发来视频讲话，她特别谈到，欧洲经济委员会与中国国家发展改革委共同发起了一个"公私伙伴关系"全面能力建设计划，这样的合作将有助于达成"一带一路"倡议的宏伟愿景。

环境保护部环境规划院战略部主任葛察忠指出，沿线国家生态环境状况存在区域的差异性和国别的差异性，推进"一带一路"倡议中的环境保护需要发挥国家、企业和非官方组织的作用，处理好对外投资的关键效应，减少负的溢出效益，倡导良好的环境行为。

"丝绸之路"沿线国家的合作是多元的。福建师范大学经济学院院长、中国（福建）生态文明建设研究院执行院长黄茂兴表示，要创新我国与"一

* 资料来源：《中国经济导报》2017 年 12 月 6 日第 A03 版。

带一路"沿线国家之间的投资贸易，包括金融、基础设施、互联互通领域之间的合作方式。要通过这种方式，形成一些结对城市，从友好城市和友好港口入手，再发展成双边或者单边的产业园区，从而为整个国际产业合作提供或创造新的合作路径。

绿色发展也需推陈出新

创新是实现绿色发展的根本举措，是实现绿色制造的必由之路，也是推进智慧和绿色融合发展的必然要求。绿色丝绸之路国际论坛上，不少专家都在主旨演讲中提到了"创新"这一词。

联合国副秘书长、联合国环境规划署执行主任埃里克·索尔海姆先生在发来的视频讲话中提出，绿色"一带一路"，意味着引导绿色投资投向太阳能等新能源技术而非煤炭等传统能源，也意味着在保护自然的前提下建设环境友好型的基础设施。

科技评价作为促进科技成果的转化手段，能够与绿色发展深度高效融合做出重要的贡献。民政部中智科学技术评价研究中心理事长李闽榕表示，绿色发展需要将科技创新的理念、方法、成果应用于绿色发展，显著提升绿色发展的质量和效率；同时，科技创新也要追求绿色发展的潮流，在更高层次上推进绿色发展，努力挑战绿色发展的制高点，努力寻求绿色发展的竞争力，不断开创绿色发展的新局面。

绿水青山就是金山银山。近年来，绿色发展理念备受重视，绿色发展、生态保护日益成为中国展示给世界的一张新"名片"。如今，这一理念也得到"一带一路"沿线国家和地区的关注和支持，绿色丝绸之路国际论坛也有望每年在福州举办一次，各国加强生态环保合作，发展绿色城市伙伴关系，共建绿色丝绸之路的目标迎来了新的机遇。

举办"绿色丝绸之路"国际论坛[*]

2017 年 11 月 17 ~ 18 日,由福建师范大学举办"绿色丝绸之路"国际论坛。本次论坛主题为"一带一路"倡议下的绿色发展机遇与挑战。100 多位国际国内知名环境经济学家出席本次论坛。论坛旨在推进绿色"一带一路"学术研究和政策研讨,促进未来的学术发展和国际交流。

本次论坛期间,与会专家就绿色"一带一路"助力"2030 年可持续发展目标"、运用多边环境协议提升"一带一路"沿线国家环境治理、全球环境竞争力指数、基础设施建设项目融资的可持续标准、绿色基建环境影响评估的模型研究、气候变化及全球治理、如何促进融资和可持续发展、环境信息公开及绿色供应链等热点话题展开深入讨论。

论坛上,来自斯里兰卡的莫汉·穆纳辛格教授,作了题为《绿色"一带一路"带领亚洲驶上平衡包容绿色增长的快车道》的报告。他说,"平衡包容绿色增长"将会帮助世界解决面临的可持续发展问题。面对贫困、资源短缺、气候变化等问题,需要制定环境大纲,重视环境问题,解决好不平衡、严重过度消费等问题。社会各界要一起努力,通过创新举措,用跨界知识来解决问题。全国政协委员、国务院发展研究中心原副主任卢中原作了《绿色发展要注意国情》主旨发言。他认为:"一带一路"沿线国家和地区的绿色发展,一定要符合自己的资源禀赋;要选对机制,这种机制不能靠市场来单独调节,还要靠政府调节。福建师范大学经济学院院长黄茂兴在《"一带一路"与中国自贸试验区融合发展战略》的主题演讲中强调,在推进绿色丝绸之路中,在绿色能源方面要寻找新的模式,特别是管理模式创新,从而助力全球经济格局深度调整和产业结构深度调整。

---

* 资料来源:《福建日报》2017 年 11 月 20 日第 9 版。

据悉，通过此次研讨，会议将形成一份综合性的研讨成果，并上报相关政府部门供决策参考。与此同时，会议还就如何把该论坛作为一个常设性的高端论坛展开讨论，有望每年在福州举行一次。"绿色丝绸之路"国际论坛首次在福州举办，对密切福建师范大学与国内环境经济学界的交流和联系，加强"一带一路"绿色发展问题的战略性研究，都将产生积极作用。

联合国副秘书长等百名专家论道绿色丝绸之路国际论坛[*]

福建师范大学 110 周年校庆学术活动搞了个绿色丝绸之路国际论坛，联合国两位副秘书长专门发来视频讲话祝贺，福建"海上丝绸之路"核心区建设在"一带一路"倡议中彰显主动作为的力量。

2017 年 11 月 17 ~ 18 日，由福建师范大学主办的"绿色丝绸之路国际论坛"在福建省福州市举行。本次论坛主题为"'一带一路'倡议下的绿色发展机遇与挑战"，得到中国环境保护部环境规划院、联合国环境规划署及多家国内外机构的支持协助，100 多位国际国内知名环境经济学家出席了本次论坛。

联合国副秘书长、联合国环境规划署执行主任埃里克·索尔海姆先生，联合国副秘书长、联合国欧洲经济委员会执行秘书长奥尔加·阿尔加耶罗瓦女士专门给本次论坛发来视频讲话，祝贺本次国际论坛和福建师范大学 110 周年校庆，盛赞中国在推动绿色"一带一路"上做出重要贡献，对深化推进绿色"一带一路"提出期许和战略性建议。在讲话中，埃里克·索尔海姆表示，在绿色交通及基础设施方面，中国企业也积极提供解决方案。他所在的肯尼亚，中国投资建设了从首都内罗毕到蒙巴萨的一条铁路。几周前，他和家人有幸乘坐了这趟新列车，见证了新铁路带给肯尼亚的繁荣发展机遇，也

---

* 资料来源：林长生：《联合国副秘书长等百名专家论道绿色丝绸之路国际论坛》，人民网－福建频道，2017 年 11 月 18 日。

体验了一把更为方便的旅途出行。他也肯定中国率先将"绿色金融"纳入了
G20 重点议题，在推动绿色金融成为国际共识这一方面担当了领路人的角色。
奥尔加·阿尔加耶罗瓦女士特别谈到，近年来中国与联合国欧洲经济委员会
之间的合作发展迅速，中国于 2016 年 7 月加入了全球唯一的通用海关过境系
统《国际公路货运公约》，显示中国向着积极建设"一带一路"倡议中所提
出的国际经济走廊迈出了重要的一步。欧洲经济委员会与中国国家发改委共
同发起了一个"公私伙伴关系"全面能力建设计划，这样的合作将有助于达
成"一带一路"倡议的宏伟愿景。

开幕式上，诺贝尔和平奖机构获得者、斯里兰卡总统专家委员会主席莫
汉·穆纳辛格教授在全体大会上作了题为《绿色"一带一路"带领亚洲驶上
"品横包容绿色增长"的快车道》，全国政协委员、国务院发展研究中心原副
主任卢中原作了题为《绿色发展要注意符合国情》，经合组织国际关系秘书
处战略伙伴关系及新倡议部门主管艾琳·奥尔斯女士作了题为《共建绿色及
气候适应型的"一带一路"：机遇、挑战和方案》，环境保护部环境规划院环
境政策部主任葛察忠作了题为《"一带一路"倡议下的环境保护合作》，福建
师范大学经济学院院长、中国（福建）生态文明建设研究院执行院长黄茂兴
作了题为《"一带一路"与中国自贸试验区融合发展战略》的精彩报告。

本次国际论坛分为开幕式、主旨发言、引导性发言、平行论坛、圆桌对
话和闭幕展望等环节，会期总共两天。论坛重点围绕以下五个方面的议题展
开讨论：（1）绿色发展政策沟通；（2）绿色基础设施联通；（3）绿色贸易畅
通，环境产业投资发展趋势；（4）绿色金融；（5）绿色能力建设（民心相
通）。会议旨在加强推进绿色"一带一路"的学术研究和政策研讨，促进未
来的学术发展和国际交流。

据悉，此次研讨会议将形成一份综合性的研讨成果，上报相关政府部门
供决策参考，还计划在国家级出版社正式出版这次研讨所取得的学术成果。
会议期间将就如何把这个论坛作为一个常设性的高端论坛展开讨论。

绿色丝绸之路国际论坛在福州举办 专家学者呼吁共推绿色包容性发展[*]

绿色丝绸之路国际论坛 2017 年 11 月 17 日在福建福州市举办，与会专家学者共同呼吁，推进"一带一路"沿线国家与地区的绿色包容性发展，促进国际和区域层面关于绿色投资、绿色融资、绿色产业技术的交流和支持分享平台。

由福建师范大学主办的绿色丝绸之路国际论坛为期两天，来自联合国环境规划署、世界自然基金会、菲律宾财政部、蒙古国银行家协会、孟加拉国统计局等百名专家齐聚，共论"'一带一路'倡议下的绿色发展机遇与挑战"。

2015 年，中国官方发布《推动共建丝绸之路经济带和 21 世纪海上丝绸之路的愿景与行动》，突出生态文明理念，倡导共建"绿色丝绸之路"。今年 5 月举办的"一带一路"国际合作高峰论坛上，又倡议建立"一带一路"绿色发展国际联盟。

中国环境保护部环境规划院环境政策部主任葛察忠在致辞中指出，该论坛旨在促进政策沟通、设施连通、贸易畅通、资金联通、民心相通上贡献更多的智慧，在携手打造绿色发展之路上提出更多具有创造性和可行性的共识。

联合国副秘书长、联合国环境规划署执行主任埃里克·索尔海姆，联合国副秘书长、联合国欧洲经济委员会执行秘书奥尔加·阿尔加耶罗瓦均给论坛发来视频讲话。埃里克·索尔海姆也指出，共建绿色"一带一路"是为了人类共同的地球家园和更美好的生活，离不开互学互鉴、开放共享的精神。在福州举办的此次论坛将提供良好的交流机会，推动中国与世界其他国家互相学习与借鉴好的经验和做法。

---

[*] 资料来源：龙敏：《绿色丝绸之路国际论坛在福州举办 专家学者呼吁共推绿色包容性发展》，中国新闻网，2017 年 11 月 17 日。

中智科学技术评价研究中心理事长李闽榕，联合国政府间气候变化专门委员会原副主席、2007年诺贝尔和平奖共同获得者莫汉·穆纳辛格教授，全国政协委员、国务院发展研究中心原副主任卢中原，福建师范大学经济学院院长、中国（福建）生态文明建设研究院执行院长黄茂兴等专家学者先后作报告。

李闽榕建议，绿色发展需要将科技创新的理念、方法、成果应用，来提升绿色发展的质量和效率。科技评价作为促进科技成果的转化手段，能够与绿色发展深度高效融合做出重要的贡献。

黄茂兴则指出，推动"一带一路"沿线国家与地区的绿色包容性发展离不开金融的支持，应携手搭建绿色金融平台，推动"一带一路"沿线国家和地区之间的绿色金融交流。

绿色丝绸之路国际论坛在榕举行　共商绿色发展大计 *

2017年11月17日，作为福建师范大学110周年校庆重要学术活动之一的"绿色丝绸之路国际论坛"在福建福州举行。来自政府、企业、金融机构、高校智库、国际组织及"一带一路"沿线国家的百余名专家代表齐聚一堂，共商"一带一路"绿色发展大计。

据悉，此次论坛以"'一带一路'绿色发展的机遇与挑战"为主题，重点围绕"绿色发展政策沟通""绿色基础设施联通""绿色贸易畅通，环境产业投资发展趋势""绿色金融""绿色能力建设（民心相通）"五个议题展开讨论。

值得关注的是，联合国环境规划署相关负责人专门给本次论坛发来视频讲话。他表示，绿色"一带一路"意味着引导绿色投资投向太阳能等新能源技术而非煤炭等传统能源，也意味着在保护自然的前提下建设环境友好型的基础设施，可以成为推动绿色发展的重要手段。在绿色交通及基础设施方面，中国企业也积极提供解决方案。在推动绿色金融成为国际共识这一方面，中国担当了领路人的角色，率先将"绿色金融"纳入了 G20 重点议题。

出席本次国际论坛的各个领导嘉宾分别作了主题演讲。其中，国际论坛环境经济学家莫汉·穆纳辛格教授在论坛开幕式上作了题为《绿色"一带一路"带领亚洲驶上"平横包容绿色增长"的快车道》演讲。他认为，中国"一带一路"的倡议是想要连通中国欠发达地区和亚洲近邻地区，加强文化的和谐及人员之间的往来，打造有利于交通和能源、技术发展的新的标准。让"一带一路"沿线的国家都能够分享各自的资源，达到共同富裕。他指出，斯里兰卡战略性的位置，是海上丝绸之路的中心，2050 年将会成为中国最大的海上贸易伙伴。斯里兰卡也是推出了"2030 年可持续愿景计划"希望能够打造具有可持续发展的经济。

据了解，本次国际论坛会期总共两天。会议期间将安排与会国内外专家将就绿色"一带一路"助力"2030 年可持续发展目标"、运用多边环境协议提升"一带一路"沿线国家环境治理、全球环境竞争力指数、基础设施建设项目融资的可持续标准、气候变化及全球治理、如何促进融资和可持续发展等热点话题展开深入讨论。

"绿色丝绸之路国际论坛首次在福州举行，对密切福建师范大学与国内环境经济学界的交流与联系，推动福建师范大学高水平大学建设和经济学科的发展将产生积极作用。"福建师范大学相关负责人说道。他表示，本次论坛旨在加强推进绿色"一带一路"的学术研究和政策研讨，促进未来的学术发展和国际交流。此次研讨会议将形成一份综合性的研讨成果，并上报相关政府部门供决策参考，并计划在国家级出版社正式出版这次研讨所取得的学术成果。

绿色丝绸之路国际论坛在福州举行*

2017 年 11 月 17 日，由福建师范大学主办的"绿色丝绸之路国际论坛"在福建省福州市举行。本次国际论坛主题为"'一带一路'绿色发展的机遇与挑战"，来自政府、企业、金融机构、高校智库、国际组织及"一带一路"沿线国家的百余名专家代表齐聚一堂，围绕"一带一路"绿色发展的多个主题展开讨论，共商"一带一路"绿色发展大计。

期间，联合国副秘书长、联合国环境规划署执行主任埃里克·索尔海姆先生（Mr. Erik Solheim），联合国副秘书长、联合国欧洲经济委员会执行秘书长奥尔加·阿尔加耶罗瓦女士（Ms Olga Algayerova）专门给本次论坛发来视频讲话，盛赞中国在推动绿色"一带一路"上做出了重要贡献，并就如何深化推进绿色"一带一路"提出了期许和战略性建议。埃里克·索尔海姆先生认为，绿色"一带一路"可以成为推动绿色发展的重要手段。绿色"一带一路"，意味着引导绿色投资投向太阳能等新能源技术而非煤炭等传统能源，也意味着在保护自然的前提下建设环境友好型的基础设施。在绿色交通及基础设施方面，中国企业也积极提供解决方案。在推动绿色金融成为国际共识这一方面，中国担当了领路人的角色。联合国副秘书长、联合国欧洲经济委员会执行秘书长奥尔加·阿尔加耶罗瓦女士（Ms Olga Algayerova）说到，作为一项雄心勃勃的倡议，"一带一路"提倡实现互联互通。欧洲经济委员会与中国国家发改委共同发起了一个"公私伙伴关系"全面能力建设计划，这样的合作将有助于达成"一带一路"倡议的宏伟愿景。"一带一路"倡议将为实现全球可持续发展目标带来巨大潜力和贡献。

开幕式上，联合国政府间气候变化专门委员会（IPCC）原副主席、2007

---

* 资料来源：央广网，2017 年 11 月 17 日。

年诺贝尔和平奖机构获得者、现任斯里兰卡总统专家委员会主席莫汉·穆纳辛格（Mohan Munasinghe）教授在全体大会上作了题为《绿色"一带一路"带领亚洲驶上"平横包容绿色增长"的快车道》，全国政协委员、国务院发展研究中心原副主任卢中原作了题为《绿色发展要注意符合国情》，OECD 国际关系秘书处战略伙伴关系及新倡议部门主管艾琳·奥尔斯（Irene Hors）女士作了题为《共建绿色及气候适应型的"一带一路"：机遇、挑战和方案》，环境保护部环境规划院环境政策部主任葛察忠作了题为《"一带一路"倡议下的环境保护合作》，福建师范大学经济学院院长、中国（福建）生态文明建设研究院执行院长黄茂兴作了题为《"一带一路"与中国自贸试验区融合发展战略》的精彩报告。

本次国际论坛会期总共两天。会议期间安排与会国内外专家将就绿色"一带一路"助力"2030 年可持续发展目标"、运用多边环境协议提升"一带一路"沿线国家环境治理、全球环境竞争力指数、基础设施建设项目融资的可持续标准、绿色基建环境影响评估的模型研究、环境产品及服务业的量化评估及国际发展趋势、绿色产品国际标准介绍及自愿性认证进展、绿色贸易、气候变化及全球治理、如何促进融资和可持续发展、环境信息公开及绿色供应链等热点话题展开深入讨论。

据主办方透露，会议旨在加强推进绿色"一带一路"的学术研究和政策研讨，促进未来的学术发展和国际交流。此次研讨会议将形成一份综合性的研讨成果，并上报相关政府部门供决策参考，并计划在国家级出版社正式出版这次研讨所取得的学术成果。

绿色丝绸之路国际论坛　为推进绿色"一带一路"建言献策[*]

2017 年 11 月 17 日开幕的"绿色丝绸之路国际论坛"聚集了数百位国内外知名环境经济学家和政府机构代表，他们围绕"一带一路"倡议下的绿色发展机遇与挑战这一主题，为推进绿色"一带一路"建言献策，特别是如何更好推进沿线国家的绿色包容性发展，落实联合国 2030 年可持续发展议程等方面展开交流、分享。

论坛上，2007 年诺贝尔和平奖机构的共同获得者，来自斯里兰卡的莫汉·穆纳辛格教授，为大家做《绿色"一带一路"带领亚洲驶上平衡包容绿色增长的快车道》的演讲。他说："平衡包容绿色增长"将会帮助世界解决面临的可持续发展问题。面对贫困、资源短缺、气候变化等问题，需要制定环境大纲，重视环境的问题、解决好不平衡、严重过度消费等问题；要通过创新举措，用跨界的知识来解决问题，不仅仅依靠政府来解决问题，社会各界都要一起努力。他非常希望绿色"一带一路"倡议以及"2030 年可持续愿景"能够帮助整个社会取得进一步发展。

全国政协委员、国务院研究发展中心的原副主任、中国农村劳动力资源开发研究会会长卢中原为大家做"绿色发展要注意国情"主旨发言。他认为："一带一路"沿线国家和地区的绿色发展，一定要符合自己的资源禀赋；要选对机制，这种机制不能靠市场来单独调节，还需靠政府调节。比如现在雾霾的治理，既要有淘汰落后产能，也要有正面的激励机制。

OECD 经合组织国际关系秘书处战略伙伴关系及新倡议部门主管艾琳·奥尔斯为大家带来的演讲主题是《共建绿色及气候适应型的"一带一路"：

---

　　* 资料来源：张立庆：《绿色丝绸之路国际论坛为推进绿色"一带一路"建言献策》，东南网，2017 年 11 月 21 日。

机遇、挑战和方案》。她认为，中国政府提出的"一带一路"倡议，将会让全世界 2/3 的人口获益。她建议，只要涉及基础设施的投资，使用更新的能源取代一些化学能源，政府对于石化燃料的支持力度应该更大些。

环境保护部环境规划院环境政策部主任葛察忠，为大家做了《"一带一路"倡议下的环境保护合作》主旨发言。他认为，推进"一带一路"倡议中的环境保护，需要发挥国家、企业、所在国还有非官方组织的作用；传播科学的生态文明理念，分享绿色发展的实践；搭建好生产环保合作的平台，比方说加强生态环保的合作机制，平台建设，还要推动环保社会组织或智库的交流与合作；加强支撑力度，推动绿色资金的流动，加大一些绿色示范项目的援助。

福建师范大学经济学院院长黄茂兴就《"一带一路"与中国自贸试验区融合发展战略》做主题演讲。他特别强调，在推进绿色丝绸之路中，在绿色能源方面要寻找到新的模式，特别是管理模式的创新，从而助力全球经济格局新的深度调整和产业结构深度调整；其次在推进"一带一路"过程当中，要加大基础设施的建设，在贸易投资、自由方面也要进一步进行深化沟通、深化对接，并且更好地给予资金的支持。

绿色丝绸之路国际论坛主题举行　大腕们真知灼见"擦火花"*

2017 年 11 月 17 日，由福建师范大学主办的绿色丝绸之路国际论坛在福州举行，论坛主题以"一带一路"倡议下的绿色发展机遇与挑战。当天下午举行主题论坛，专家、学者、官员围绕绿色发展政策沟通；绿色基础设施联通；绿色贸易与环保产业；绿色金融等议题开展讨论。

---

* 资料来源：风行东南，2017 年 11 月 18 日。

绿色"一带一路"为沿线国家带来的机遇

在绿色发展政策沟通会上，中国—东盟环境保护合作中心副主任张洁清发表了题为《绿色"一带一路"助力"2030年可持续发展目标"》，她指出生态环保为"一带一路"建设提供支持，包括推动全面交流合作增进与沿线国家政策沟通，防控生态环境风险；保障与沿线国家设施联通；提高绿色产能输出，促进沿线国家贸易畅通；完善绿色投融资机制，服务于沿线国家资金融通；加强环保国际合作与援助，实现沿线国家民心相通。

中国—东盟环境保护合作中心副主任张洁清发表演讲

张洁清认为，绿色"一带一路"为沿线国家带来的机遇，实际上环境目标并非许多"一带一路"沿线国家财政投资的优先事项，沿线国家绿色基础设施建设存在巨大融资缺口。据世界银行预测，仅东亚和太平洋地区，如果2030 年底实现向低碳能源型转型，则每年将需要额外投资约 800 亿美元，所以可以看到绿色"一带一路"可以推动区域绿色金融发展，为沿线国家的资金保障做出贡献。

全球绿色增长研究所（GGGI）中国代表乔·温斯顿认为，发展中国家需要环境方面的政策保障，帮助他们打造更有利于经济发展的环保政策，在环保政策和资金融资方面给予更多的协助，特别是在低碳经济发展方面。

资深经济学家德里克·伊顿博士认为，通过'一带一路'沿线国家可以更好地实现技术转移和升级，通过合作打造机制更加活跃、政策更加透明、有利绿色金融的发展。

现场互动环节气氛热烈，台下观众踊跃向台上专家提问

主题论坛探讨绿色基础设施、绿色贸易、绿色金融在绿色基础设施联通的论坛上，联合国环境署—世界保护监测中心（WCMC）中国代表孟涵博士发表了题为绿色基建环境影响评估的模型研究。

现场还对绿色基础设施项目进行了展示，清华同衡生态城市研究所所长邹涛博士进行生态城市与可持续发展综合模型，城市生态修复、海绵城市。日内瓦大学资深研究员马特奥·塔伦蒂洛博士对日内瓦机场绿色措施进行了讲解。

在绿色贸易与环保产业主题论坛上，可持续发展咨询研究院（ICEDD）马克·奥尔西尼博士作了环境产品及服务业的量化评估及国际化趋势；世贸组织国家贸易中心可持续发展贸易项目顾问安娜·巴塔拉发表绿色产品国际标准介绍及自愿性认证进展。现场的专家还围绕环保产业的投资机遇、发展及挑战进行了对话。

在绿色金融主题论坛上，联合国人居署，城市经济及金融处协调官员马克·上谷发表了题为发展中国家的城市基础设施建设，如何促进融资和可持续发展。

据主办方介绍，通过此次研讨，会议将形成一份综合性的研讨成功，并上报相关政府部门供决策参考，并计划在国家级出版社正式出版这次研讨所取得的学术成果。

绿色丝绸之路国际论坛首次福州举行 *

2017 年 11 月 17 日，作为福建师范大学 110 周年校庆的重要学术论坛——"绿色丝绸之路国际论坛"在福州举行。国际论坛主题为"'一带一路'绿色发展的机遇与挑战"，来自政府、企业、金融机构、高校智库、国际组织及一带一路沿线国家的百余名专家代表齐聚一堂，围绕"一带一路"绿色发展的多个主题展开讨论，共商"一带一路"绿色发展大计。

　＊ 资料来源：《东南快报》，2017 年 11 月 18 日。

期间，联合国副秘书长、联合国环境规划署执行主任埃里克·索尔海姆先生（Mr. Erik Solheim），联合国副秘书长、联合国欧洲经济委员会执行秘书长奥尔加·阿尔加耶罗瓦女士（Ms Olga Algayerova）专门给论坛发来视频讲话，盛赞中国在推动绿色"一带一路"上做出了重要贡献，并就如何深化推进绿色"一带一路"提出了期许和战略性建议。埃里克·索尔海姆先生（Mr. Erik Solheim）认为，绿色"一带一路"可以成为推动绿色发展的重要手段。绿色"一带一路"，意味着引导绿色投资投向太阳能等新能源技术而非煤炭等传统能源，也意味着在保护自然的前提下建设环境友好型的基础设施。在绿色交通及基础设施方面，中国企业也积极提供解决方案。在推动绿色金融成为国际共识这一方面，中国担当了领路人的角色。联合国副秘书长、联合国欧洲经济委员会执行秘书长奥尔加·阿尔加耶罗瓦女士（Ms Olga Algay-erova）说到，作为一项雄心勃勃的倡议，"一带一路"提倡实现互联互通。欧洲经济委员会与中国国家发改委共同发起了一个"公私伙伴关系"全面能力建设计划，这样的合作将有助于达成"一带一路"倡议的宏伟愿景。"一带一路"倡议将为实现全球可持续发展目标带来巨大潜力和贡献。

现场，联合国政府间气候变化专门委员会（IPCC）原副主席、2007 年诺贝尔和平奖机构获得者、现任斯里兰卡总统专家委员会主席莫汉·穆纳辛格（Mohan Munasinghe）教授在全体大会上作了题为《绿色"一带一路"带领亚洲驶上"平横包容绿色增长"的快车道》，全国政协委员、国务院发展研究中心原副主任卢中原作了题为《绿色发展要注意符合国情》，OECD 国际关系秘书处战略伙伴关系及新倡议部门主管艾琳·奥尔斯（Irene Hors）女士作了题为《共建绿色及气候适应型的"一带一路"：机遇、挑战和方案》，环境保护部环境规划院环境政策部主任葛察忠作了题为《"一带一路"倡议下的环境保护合作》，福建师范大学经济学院院长、中国（福建）生态文明建设研究院执行院长黄茂兴作了题为《"一带一路"与中国自贸试验区融合发展战略》的精彩报告。

　　据了解，通过此次研讨，会议将形成一份综合性的研讨成果，并上报相关政府部门供决策参考，并计划在国家级出版社正式出版这次研讨所取得的学术成果。与此同时，会议期间将就如何把这个论坛作为一个常设性的高端论坛展开讨论，有望每年在福州举行一次。